Fahrbahnreibung und Schlüpfrigkeit der Straßen im Kraftwagenverkehr

von

Prof. Dr. Ing. Rudolf Schenck
Vorsteher des Forschungsinstituts für Straßenbau
an der Technischen Hochschule Berlin

Mit 23 Abbildungen und 14 Tabellen

Berlin W
M. Krayn / Technischer Verlag / G. m. b. H.
1 9 3 0

Inhaltsverzeichnis.

VORWORT.

Für die Fortbewegung der Kraftfahrzeuge und die Verkehrssicherheit im Kraftwagenverkehr ist die Reibung, die die Triebräder auf der Fahrbahn finden, von ausschlaggebender Bedeutung. Auch die Wirtschaftlichkeit des Kraftverkehrs wird durch die Reibung maßgebend beeinflußt.

Bereits im vor. Jahre hatte ich in meiner Schrift „Die Fahrbahnreibung im Kraftwagenverkehr" Versuche zur Bestimmung dieser Reibungsbeiwerte auf verschiedenen neueren Straßendecken mit verschiedener Bereifung mitgeteilt. In diesem Jahre wurden noch Versuche mit hochelastischen Vollgummireifen bei ungünstigster Beschaffenheit der Fahrbahnen, d. h. auf vereisten und verschneiten Straßen, ausgeführt. Nachdem hierdurch ein vollständiges Bild über die Reibungswirkungen der Triebräder gewonnen war, konnte nunmehr die Auswertung sämtlicher Versuchsergebnisse für den praktischen Gebrauch vorgenommen werden.

Zweckmäßig erschien es, an diese praktischen Versuche noch Laboratoriumsversuche anzuschließen, um sich Klarheit über bestimmte Reibungsvorgänge zu verschaffen, für deren Erkennung eine absolute Gleichmäßigkeit der Oberflächenbeschaffenheit der verschiedenen Versuchsstraßen Vorbedingung war. Es handelte sich hierbei hauptsächlich um den Grad der Verschlammung, durch die die Verkehrssicherheit der Straßen maßgebend beeinflußt wurde. Im Verkehr befindliche Straßen konnten diese erwünschte Gleichmäßigkeit in der Beschaffenheit der Fahrbahn nicht haben. Man mußte dieselbe daher künstlich im Laboratorium schaffen.

Solche Laboratoriumsversuche werden keine Reibungsbeiwerte für den praktischen Gebrauch liefern, da die Betriebsbedingungen des fahrenden Wagens dabei nicht zum Ausdruck kommen, wohl aber wird man Relativwerte erhalten, die bei der Gleichmäßigkeit der Versuchsausführungen die Ursache der Schlüpfrigkeit der untersuchten Fahrbahndecken und das Grundsätzliche wichtiger Vorgänge beim Übergang von statischer zu dynamischer Reibung erkennen lassen.

Die Versuche wurden durch die Unterstützung des Reichsverkehrsministeriums ermöglicht, wofür ich den Herren Ministerialrat Geheimen Regierungsrat Pflug und Oberregierungsbaurat Schütte an dieser Stelle besonders danke.

Auch meinem Assistenten, Herrn Dr. Kölzow, danke ich für seine fleißige Mitarbeit bei der Ausführung der schwierigen Versuche.

Die Reibungsfragen sind sowohl für den Straßenbau als auch für den Verkehr äußerst wichtig.

Der Verkehr bestimmt nicht nur die Wirtschaft, sondern auch die Kultur eines Volkes.

Rudyard Kipling hat daher recht, wenn er sagt:

„Transportation is civilisation."

Charlottenburg, im Dezember 1929.

I. Grundsätzliches über die Reibung.

Reibung ist die Widerstandskraft, die sich in der Berührungsfläche zweier aufeinander gepreßten Körper einstellt, wenn der eine Körper längs der Oberfläche des andern bewegt wird.

Nach der Art, wie diese Bewegung stattfindet, unterscheidet man:

1. Gleitende Reibung, wenn der angepreßte Körper längs der Oberfläche des andern gleitet;

2. Rollende Reibung, wenn der angepreßte Körper auf der Oberfläche des andern abrollt.

Letztere tritt nur bei gezogenen Rädern auf.

Bei den Triebrädern der Fahrzeuge mit Selbstantrieb hat man es dagegen mit der gleitenden Reibung zu tun. Sie ist es, die dem Fahrzeug die Fortbewegung ermöglicht.

Trotz ihrer Wichtigkeit ist die gleitende Reibung noch wenig erforscht, deshalb soll im Nachstehenden versucht werden, ihre Wirkung zu erklären und ihre Größe durch Versuche festzustellen.

Bei der gleitenden Reibung unterscheidet man zwei Reibungszustände:

a) Reibung während der Bewegung,

b) Reibung in Ruhe,

ferner ist c) der Übergang aus der Reibung in Ruhe in Reibung der Bewegung noch besonders zu untersuchen.

a) Bei Reibung während der Bewegung

hat jeder Punkt der Auflagefläche des bewegten Körpers eine endliche Geschwindigkeit zur tragenden Unterlage; er macht also längs der letzteren eine Gleitbewegung.

Die dabei auftretende Reibung nennt man daher dynamische.

Bei ihr bewegt sich der gleitende Körper mit der relativen Geschwindigkeit v gegen die Unterlage und es gilt die Bedingung $v > o$.

Bezeichnet man die dynamische Reibung mit R und den Druck, mit dem der gleitende Körper gegen die Unterlage gepreßt wird, mit P, so beträgt die Größe dieser Reibung $R = f \cdot P$. Sie ist abhängig von der Oberflächenbeschaffenheit und der durch molekulare Kräfte bedingten chemischen Struktur der aufeinander reibenden Körper.

f ist eine positive Konstante und wird als Reibungsziffer der dynamischen Reibung bezeichnet.

Die Lage derselben ist durch die Tangente im jeweiligen Berührungspunkt bestimmt, ihre Richtung ist der relativen Geschwindigkeit des sich bewegenden Berührungspunktes entgegengesetzt.

b) Reibung in Ruhe.

Wird die relative Geschwindigkeit $v = o$, so tritt für den Punkt, in dem der Körper die Unterlage berührt, in jedem Augenblick der Zustand der Ruhe ein, d. h. der Körper gleitet nicht, sondern vollzieht eine Drehung um die Normale im Berührungspunkte. Wegen des in Ruhe befindlichen Berührungspunktes nennt man diesen Zustand statische Reibung.

Für diesen Reibungszustand gilt die Bedingung $R < f_1 \cdot P$. Hierin bedeutet R diejenige Reibungskraft, die zur Vernichtung der Bewegungskräfte erforderlich ist. P ist der Normalwiderstand, den der in Ruhe befindliche Punkt von der Unterlage erhält; f_1 bedeutet den Reibungsbeiwert, der vorhanden sein muß, wenn der Berührungspunkt nicht in Bewegung kommen, sondern in Ruhe bleiben soll. Hierzu ist eine größere Reibungswirkung notwendig als einen in Bewegung befindlichen Punkt in Bewegung zu halten. Daher $f_1 > f$, d. h. der statische Reibungsbeiwert muß größer sein als der dynamische. Die Größe R der wirklich tätigen Reibung kann aber niemals größer sein als das Produkt aus Reibungsbeiwert und dem augenblicklichen Normalwiderstand, also $R \leqq f_1 \cdot P$. Wird die Horizontalkomponente des sich mit zu großer Geschwindigkeit drehenden Körpers größer als die Reibung der Unterlage, wird also $R - f \cdot P > o$, so kommen wir damit in die dynamische Reibung hinein, wobei f_1 in f übergeht.

Der Übergang dazu findet bei $R - f \cdot P = o$ statt.

c) Übergang aus der Reibung in Ruhe in Reibung der Bewegung.

Ist $R - f \cdot P = o$, verschwindet also die Differenz, so bedeutet dies einen Zustand, bei dem je nach den Umständen der eine oder der andere der vorgenannten Reibungsfälle eintreten kann, d. h. statische Reibung wird mit dynamischer abwechseln.

Es sind dann zwei Fälle möglich:

1. entweder wird dem Berührungspunkt eine Geschwindigkeit mitgeteilt, die absolut gleich Null ist, oder

2. eine Geschwindigkeit, die nur unendlich klein ist.

Im ersten Falle bleibt der Punkt in Ruhe, während im zweiten Falle sich eine endliche Kraft entwickelt, die den Berührungspunkt langsam in eine relative Bewegung zur Unterlage bringt.

Wenn der Berührungspunkt aus dem Zustand der Ruhe in den der Bewegung übergeht, ändert sich also der Reibungsbeiwert. Über die Größe dieser Veränderungen wurden von mir Versuche angestellt, die klar zum Ausdruck brachten, daß bei statischer Reibung, solange also die Reifenauflagerfläche keine Gleitbewegung gegen die Fahrbahn ausführte, ein bestimmtes Höchstmaß von Zugkraft ausgeübt werden konnte; die erforderliche Kraft ging aber merklich zurück, wenn das Rad ins Gleiten kam. Beim Fahrbetrieb wird man also immer darnach streben müssen, die größere statische Reibung auszunützen und nicht die kleinere dynamische herbeizuführen.

d) Anwendung der Reibungsgesetze auf den Kraftwagenverkehr.

Beim Kraftwagen sind Radreifen und Fahrbahn die beiden aufeinander wirkenden Körper, d. h. der Gummireifen der Triebräder wird mit deren Belastung Q_h gegen die Fahrbahn gepreßt. Bei gleitender Reibung beträgt dann deren Größe $R = f \cdot Q^h$. Der Radreifen berührt die Fahrbahn (Unterlage) nicht in einem einzigen Punkte, sondern in einer Fläche, d. h. einem System von Punkten, von denen jeder einzelne eine endliche Bewegung gegen die Fahrbahn hat. Bei dieser gleitenden Bewegung steht nur der kleinere dynamische Reibungsbeiwert f zur Verfügung, bei dem der Kraftwagen eine geringe Haftung auf der Fahrbahn hat und daher leicht ins Schleudern kommen kann.

Um diese Gefahr zu vermeiden, muß man die Reibungswirkung vergrößern. Dies erreicht man durch Verkleinerung der Horizontalkomponenten der in jedem Berührungspunkt wirksamen Kräfte. Dadurch wird die relative Bewegung verringert bzw. ganz aufgehoben und die Berührungspunkte kommen in den Ruhezustand; mit anderen Worten, die Triebräder hören auf zu gleiten und fangen an zu rollen. Nur in diesem Zustande wird die Reibung einer Fahrbahn als Widerstandskraft am besten ausgenützt. Diese Erwägungen haben besonders beim Anfahren und beim Bremsen Bedeutung. Wird die beschleunigende resp. verzögernde Kraft zu groß, so beginnen die Berührungspunkte der Triebräder zu gleiten und die statische Reibung geht in die dynamische über, d. h. wird merklich verringert. In demselben Maße geht die Fahr- bzw. Verkehrssicherheit verloren.

Aus vorstehenden Gründen ist es nicht richtig, die Bremsen so stark zu betätigen, daß die Triebräder blockiert werden, oder beim Anfahren durch zu starkes Gasgeben die Triebräder in eine so schnelle Umdrehung zu versetzen, daß sie auf der Fahrbahn gleiten.

Da die Reibungsfragen für den Kraftwagenverkehr sehr wichtig sind, erschien es zweckmäßig, auf sie etwas näher einzugehen.

Die nachstehenden Versuche sollen ein Bild von der Wirkung der verschiedenen Reibungsarten geben.

II. Praktische Versuche mit Kraftwagen auf Straßen.

a) Versuche mit hochelastischen Vollgummireifen auf Fahrbahnen geringster Verkehrssicherheit.

In meiner Schrift „Die Fahrbahnreibung im Kraftwagenverkehr"*) hatte ich die Versuchsergebnisse

1. mit Luftreifen auf trockenen, nassen und vereisten Fahrbahnen,
2. mit Vollgummireifen auf trockenen und nassen Fahrbahnen mitgeteilt.

Es fehlten noch Versuche mit Vollgummireifen für die schwierigsten Fahrbahnverhältnisse, also für verschneite und vereiste Fahrbahnen.

Diese Versuche wurden im Winter 1928/29 nachgeholt, ihre Ergebnisse werden nachstehend mitgeteilt. Des besseren Vergleichs wegen wurden die Versuche auf denselben Straßen und mit demselben Wagentyp ausgeführt, wie die früheren. Der Versuchswagen war wieder ein N. A. G. 3 t-Lastkraftwagen mit Handbremse, auf die Hinterräder wirkend.

Radstand 4000 mm,
Spurweite vorn 1530 mm, hinten 1520 mm,
Freie Höhe des Aufbaues über dem Boden 2450 mm,
Breite des Aufbaues 1900 mm,
Achsdruck der Hinterachse 2570 kg $= Q_h$.
Gesamtgewicht des Wagens 4170 kg $= Q$,

$$\frac{Q}{Q_h} = 1{,}62.$$

Die Reifen waren Fulda-Kissen, 2 · 1065 · 156, also hochelastische Vollgummireifen, wie sie zurzeit auf deutschen Straßen

*) Die Fahrbahnreibung im Kraftwagenverkehr. 1928. Straßenbauverlag von Martin Boerner, Halle-Saale.

noch zugelassen sind. Die Reifen hatten 10 000 km Streckenleistung hinter sich. Die Laufflächen waren entsprechend glatt. Es war von besonderem Interesse, gerade die Reibungswirkung dieser glatten Auflagerflächen kennen zu lernen.

Die angegebenen Reibungsbeiwerte sind die arithmetischen Mittel aus mindestens drei Versuchen, müssen also als gut kontrolliert betrachtet werden; sie wurden aus der Bremsarbeit berechnet, die zur Vernichtung der kinetischen Energie des fahrenden Wagens erforderlich war.

Die Berechnung geschah nach der Formel:

$$f = \frac{Q \cdot v^2}{2\, Q_h \cdot g \cdot s} \pm \frac{Q}{Q_h} \sin \alpha$$

worin f = Reibungszahl der gleitenden Reibung,
Q = Gewicht des ganzen Wagens,
Q_h = Gewicht der Triebachse,
s = Bremsweg in Meter,
v = Fahrgeschwindigkeit m/Sek.,
α = Neigung der Fahrbahn,
g = Erdbeschleunigung (9,81 m/Sek.^{2}).

Bei den untersuchten Fahrbahnen geringster Verkehrssicherheit zeichneten sich zwei Arten klar voneinander ab:

1. die vereisten Fahrbahnen,
2. die verschneiten Fahrbahnen.

Im Folgenden seien die Versuchsergebnisse mitgeteilt.

1. Versuche auf vereisten Straßen.

Bei den Versuchen befanden sich die Fahrbahnen derartig mit Schnee und Eis bedeckt, daß die eigentlichen Fahrbahndecken nicht zur Geltung kommen konnten; die Reibungsvorgänge vollzogen sich auf der Schnee- resp. Eiszwischenschicht. Es wird sich daher hier weniger um eine Beurteilung der verschiedenen Straßendecken handeln können, als vielmehr um die Feststellung der Reibungsbeiwerte von Schnee- und Eisbahnen bei glatten Vollgummireifen.

Von den Versuchen mußten diejenigen Straßen ausgeschlossen werden, die durch Sandstreuen abgestumpft waren, da es darauf ankam, die Verkehrssicherheit der eisglatten Fahrbahnen festzustellen. Einwandfrei konnten die Versuche auf den in Tabelle I aufgeführten Straßen durchgeführt werden.

Die letzteren Versuche (Tabelle I und Bild 1) auf den glatten vereisten Fahrbahnen zeigen, daß die Reibungsbeiwerte bei den verschiedenen Deckenarten geringe Abweichungen haben; das ist verständlich, weil, wie bereits erwähnt, nicht die Rauhigkeit der Fahrbahndecken selbst, sondern nur die

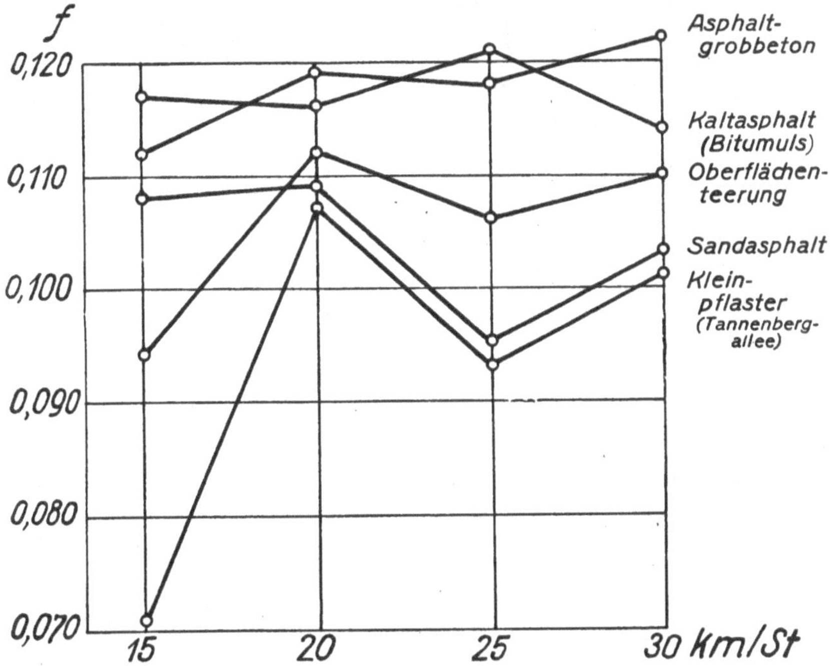

Bild 1.
Versuche auf stark vereisten Fahrbahnen mit N.A.G. 3 t-Lastkraftwagen auf hochelastischen Vollgummireifen.

Reibung der auf ihr liegenden Eisschicht festgestellt werden konnte. Die Schaulinien der Decken laufen bei den einzelnen Geschwindigkeiten in der Hauptsache beinahe horizontal; es erscheint daher gestattet, diese Beiwerte zu mitteln. Diese Mittelwerte sind in Tabelle I, Spalte 6, angegeben. Im allgemeinen kann man sagen, daß bei Kraftwagen mit Vollgummireifen auf stark vereisten Fahrbahnen die Reibungsbeiwerte von 0,070 bis 0,120 schwanken. Es sind dies sehr geringe

Tabelle I (Bild 1)

Versuche auf stark vereisten Fahrbahnen

mit N. A. G. 3t Lastkraftwagen auf hochelastischen Vollgummireifen.

Bezeichnung der Straße	Reibungsbeiwerte bei Fahrgeschwindigkeiten				Mittlerer Reibungsbeiwert	Ordnungszahl nach der Größe der Reibungsbeiwerte	Lufttemperatur z. Zt. d. Versuche	Zustand der Straßendecke
	15 km/St.	20 km/St.	25 km/St.	30 km/St.				
1	2	3	4	5	6	7	8	9
Kleinpflaster (Tannenbergallee)	0.071	0.107	0.093	0.101	0.093	1	-1^0 C	Vereist mit festgefrorener Schneedecke (Bild 4)
Sandasphalt (Kaiserdamm)	0.108	0.109	0.095	0.103	0.104	2	0^0 C	Vollständig vereist mit darüber liegender Schneedecke
Oberflächenteerung (Havelchaussee)	0.094	0.112	0.106	0.110	0.106	3	-1^0 C	Vollständige Vereisung (Bild 5)
Kaltasphalt (Bitumuls, Königin-Elisabethstraße)	0.117	0.116	0.121	0.114	0.117	4	0^0 C	Straße vereist mit Neuschnee. Gestreuter Sand drückt sich in den Schnee ein und wirkt daher nicht abstumpfend
Asphaltgrobbeton (Döberitzer Heerstraße hinter Pichelswerder)	0.112	0.119	0.118	0.122	0.120	5	-16^0 C	1 mm starke Eisdecke mit darüber befindlicher leichter Schneedecke (Bild 6)

Werte, die zum Ausdruck bringen, daß derartige Bahnen bei Vollgummireifen gar keine Verkehrssicherheit bieten.

2. Versuche auf verschneiten Fahrbahnen.

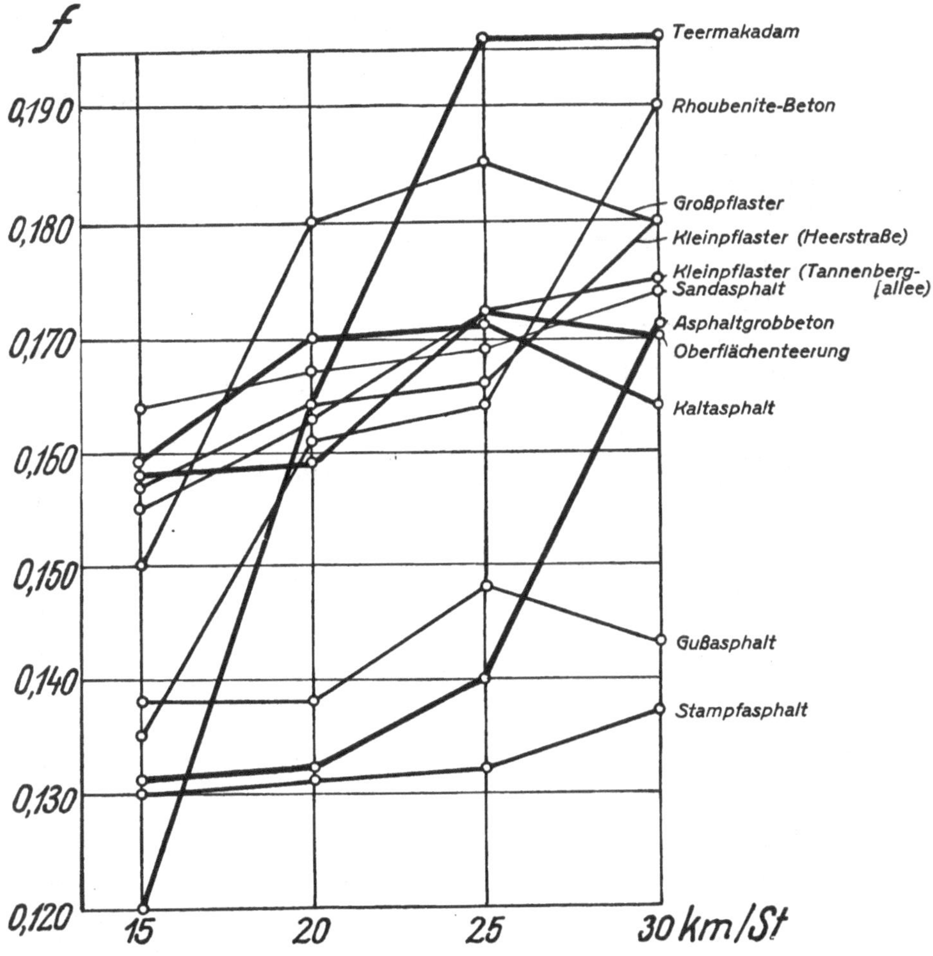

Bild 2.
Versuche auf verschneiten Fahrbahnen mit N.A.G.-3 t-Lastkraftwagen auf hochelastischen Vollgummireifen.

Etwas günstiger verhalten sich die verschneiten Fahrbahnen (Tabelle II und Bild 2).

Tabelle II

Versuche auf ver-

mit N. A. G. 3 t Lastkraftwagen

Bezeichnung der Straße	Reibungsbeiwerte			
	Fahrgeschwindigkeit			
	15 km/St.	20 km/St.	25 km/St.	30 km/St.
1	2	3	4	5
Stampfasphalt (Preußenallee)	0.130	0.131	0.132	0.137
Gußasphalt (Badenallee)	0.138	0.138	0.148	0.143
Asphaltgrobbeton (Döberitzer Heerstraße hinter Pichelswerder)	0.131	0.132	0.140	0.171
Rhoubenite-Beton (Rudower Chaussee)	0.135	0.161	0.164	0.190
Kaltasphalt (Bitumuls, Königin-Elisabethstraße)	0.159	0.170	0.171	0.164
Oberflächenteerung (Havelchaussee bei Pichelsberge)	0.158	0.159	0.172	0.170
Kleinpflaster (Tannenbergallee)	0.155	0.163	0.172	0.175
Kleinpflaster (Heerstraße)	0.157	0.164	0.166	0.180
Sandasphalt (Kaiserdamm)	0.164	0.167	0.169	0.174
Teermakadam (Tannenbergallee)	0.120	0.164	0.196	0.196
Großpflaster (Ruhlebener Straße in Spandau)	0.150	0.180	0.185	0.180

(Bild 2)

schneiten Fahrbahnen

auf hochelastischen Vollgummireifen.

Mittlerer Reibungsbeiwert	Ordnungsnummern nach der Größe des Reibungsbeiwertes	Lufttemperatur während der Versuche	Zustand der Straßendecke
6	7	8	9
0.1325	1	0° C	2 cm starke, im Tauen befindliche Schneedecke (Bild 7)
0.142	2	0° C	1 cm Neuschnee auf alter Schneedecke
0.144	3	–1° C	Fahrbahn mit dünner Schneedecke
0.162	4	–8° C	Wenig Schnee
0.166	5	–1° C	Im Tauen befindliche Schneedecke (Bild 8)
0.166	6	–8° C	10 cm starke Neuschneedecke
0.166	7	–1° C	Alte festgefahrene Schneedecke, darüber neuer im Tauen befindlicher Schnee
0.167	8	–1° C	Mit Schneeschlamm bedeckt
0.168	9	–8° C	Festgefahrene Schneedecke, darüber Neuschnee im Tauen
0.169	10	+3° C	10 cm starke, sehr angetaute Schneedecke (Bild 9)
0.174	11		Steinköpfe mit dünner Schneeschlammschicht bedeckt

Auch hier liegen die Schaulinien der einzelnen Decken (s. Bild 2) sehr nahe zusammen. Durch einen etwas größeren Zwischenraum sind nur die Asphaltdecken (Stampfasphalt, Gußasphalt und Asphaltbeton) von den übrigen getrennt, und zwar haben diese Decken die kleineren Reibungsbeiwerte. Im allgemeinen steigen die letzteren bei allen Straßendecken mit der Fahrgeschwindigkeit; doch sind die Unterschiede nicht zu groß, so daß die Mittelung der Werte gestattet erscheint. Man

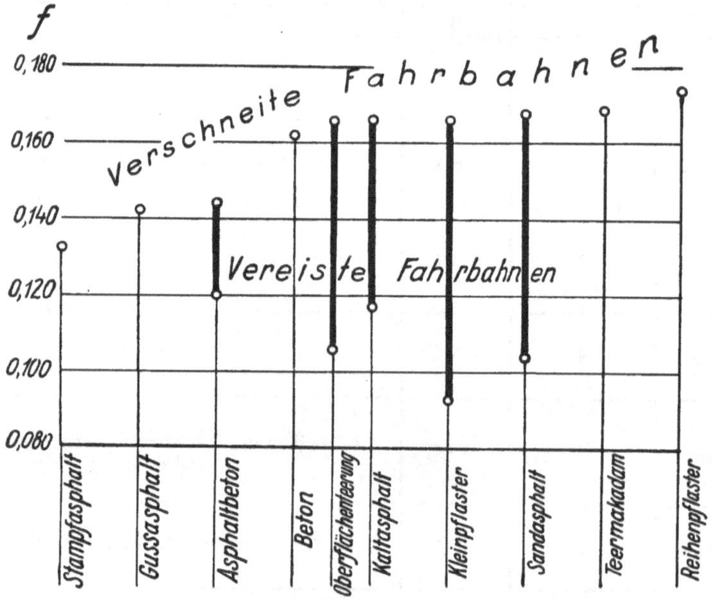

Bild 3.
Reibungsbeiwerte für hochelastische Vollgummireifen auf vereisten und verschneiten Fahrbahnen.

kommt hierbei zu den in Tabelle II, Spalte 6, angegebenen Zahlen. Die nahe zusammenliegenden Schaulinien weisen auch hier darauf hin, daß bei derartig verschneiten Straßen weniger die Deckenart als nur die Glätte der Schneebahn ausschlaggebend ist. Es erscheint daher zulässig, die Reibungsbeiwerte für Kraftwagen mit Vollgummireifen auf verschneiten Straßen (Schneebahnen) zusammenzufassen und zu 0,120 bis 0,200 anzunehmen. Auch diese Beiwerte bezeichnen noch durchaus verkehrsunsichere Straßen.

Ein Überblick über die eben beschriebenen Versuche wird in Bild 3 gegeben, in dem die Mittelwerte aus Spalte 6 der Tabellen I und II zusammengestellt wurden.

Um den Oberflächenzustand der untersuchten Straßendecken zu veranschaulichen, sind Abbildungen beigefügt worden, von denen Bild 4—6 die vereisten, Bild 7—10 die verschneiten und mit Schneeschlamm bedeckten Straßen zeigen. Auf allen Bildern sind deutlich die Bremsspuren sichtbar, die trotz der glatten Straßenoberfläche in geraden Linien verlaufen, ein Beweis dafür, daß die Bremsen richtig bedient wurden, da sie den Wagen ohne Schleudern auf kürzester Entfernung zum Stehen brachten.

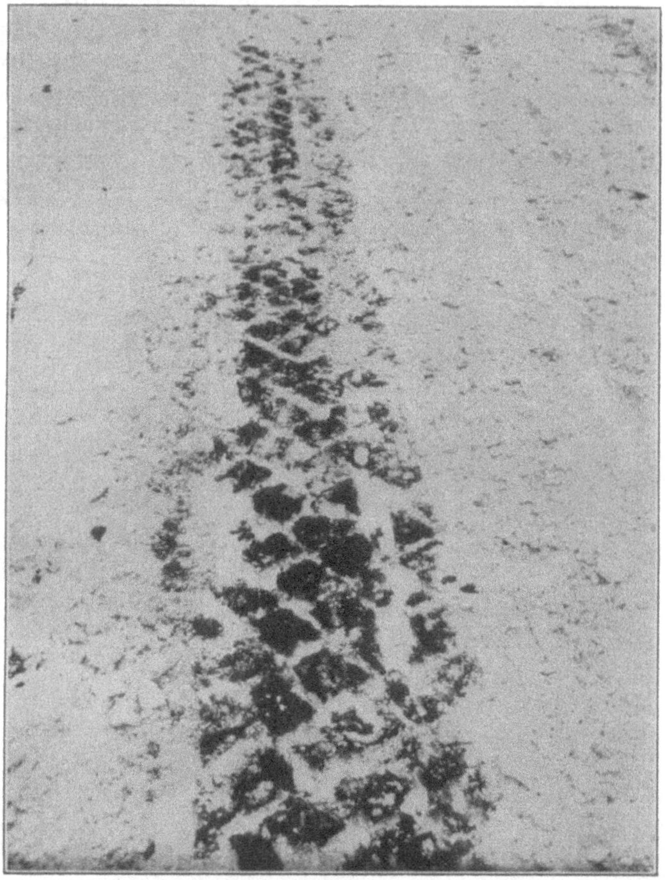

Bild 4.
Kleinpflaster, vereist, mit festgefrorener Schneedecke.

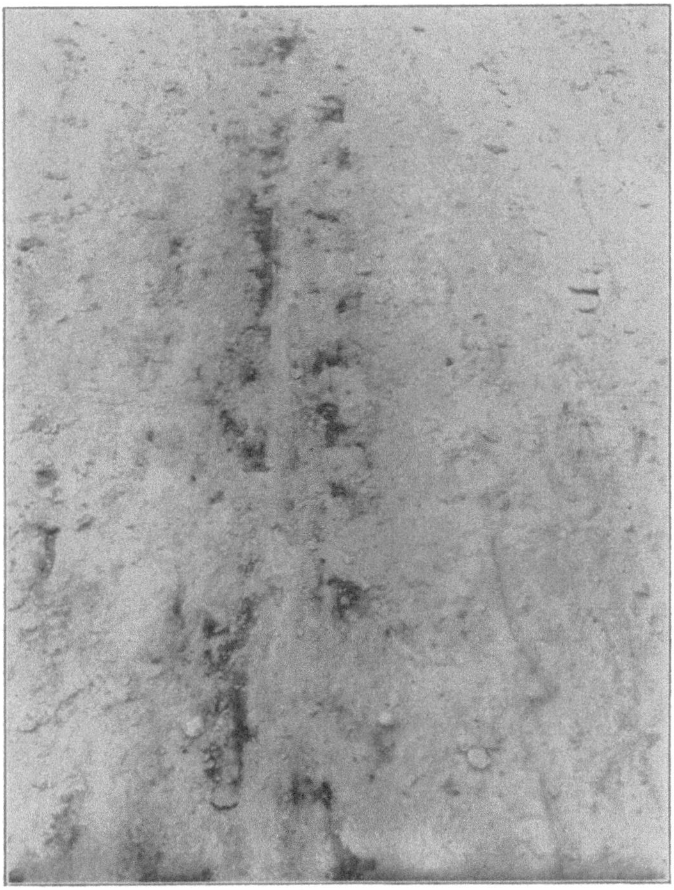

Bild 5.
Oberflächenteerung, vollständige Vereisung.

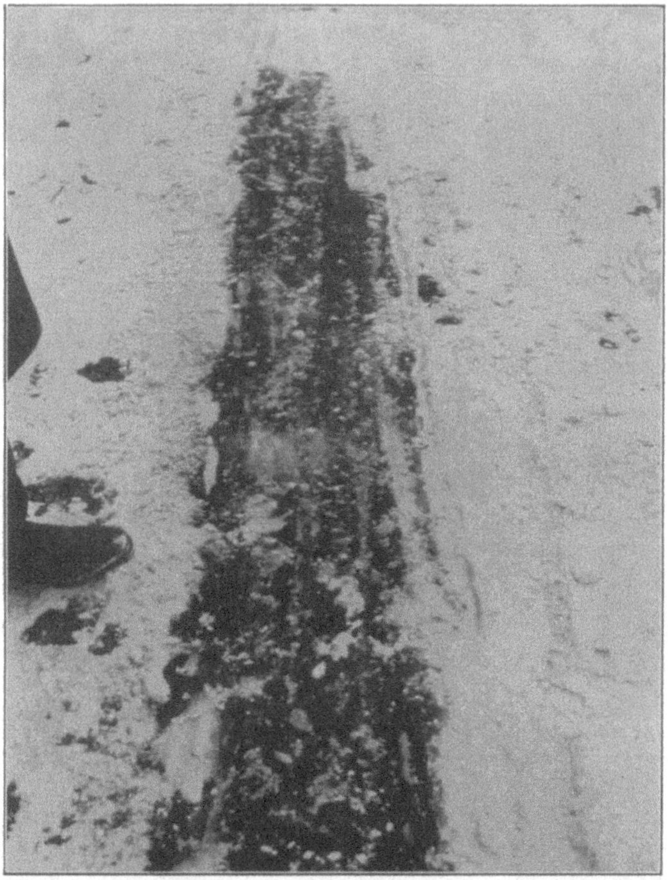

Bild 6.
Asphaltgrobbeton,
1 cm starke Eisdecke mit darüber befindlicher Schneedecke.

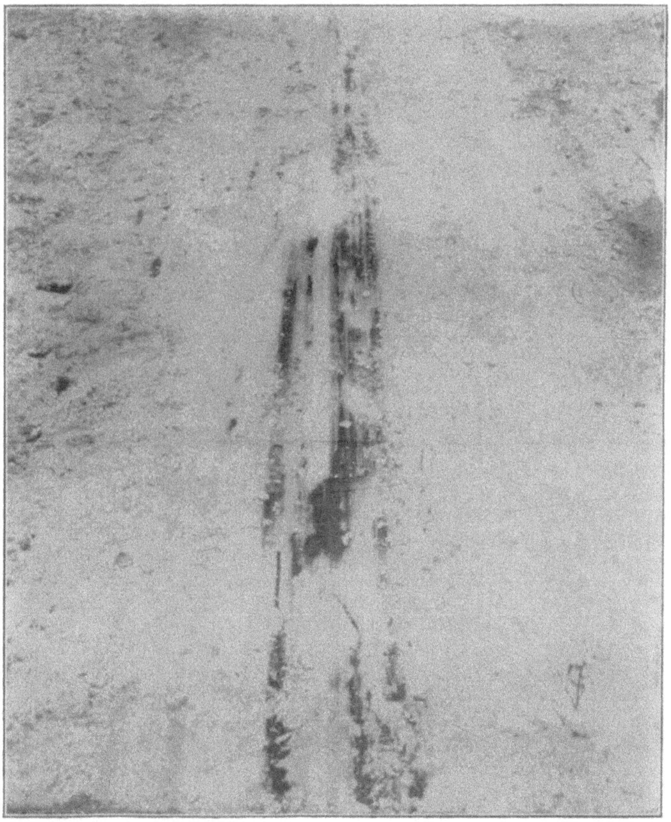

Bild 7.
Stampfasphalt, 2 cm starke, im Tauen begriffene Schneedecke.

Bild 8.
Kaltasphalt, im Tauen befindliche Schneedecke.

Bild 9.
Sandasphalt, ältere Schneedecke, darüber tauender Neuschnee.

Bild 10.
Teermakadam, 10 cm starke angetaute Schneedecke.

3. Versuchsergebnisse auf nassen Fahrbahnen.

Um das Bild der Reibungsbeiwerte für die hochelastischen Vollgummireifen zu vervollständigen, sollen aus meinen früheren, im Jahre 1928 veröffentlichten Versuchen die Werte für nasse und trockene Fahrbahnen kurz angeführt werden. Für den praktischen Gebrauch wird es sich auch hier empfehlen, die für 20, 30 und 40 km/Std. Fahrgeschwindigkeit gefundenen Werte zu mitteln.

Aus Tabelle 6 — Seite 57 — obiger Veröffentlichung ergeben sich die nachstehenden Tabellen III u. IV.

Aus diesen Tabellen ist der besseren Übersicht wegen Bild 11 zusammengestellt worden. Man sieht, daß die Werte für trockene und nasse Fahrbahnen ziemlich parallel laufen. Aus der Reihe fällt nur etwas der Sandasphalt, der bei nasser Fahrbahn einen etwas kleineren Reibungsbeiwert aufweist, als er nach seiner Einordnung bei den trockenen Fahrbahnen eigentlich haben müßte.

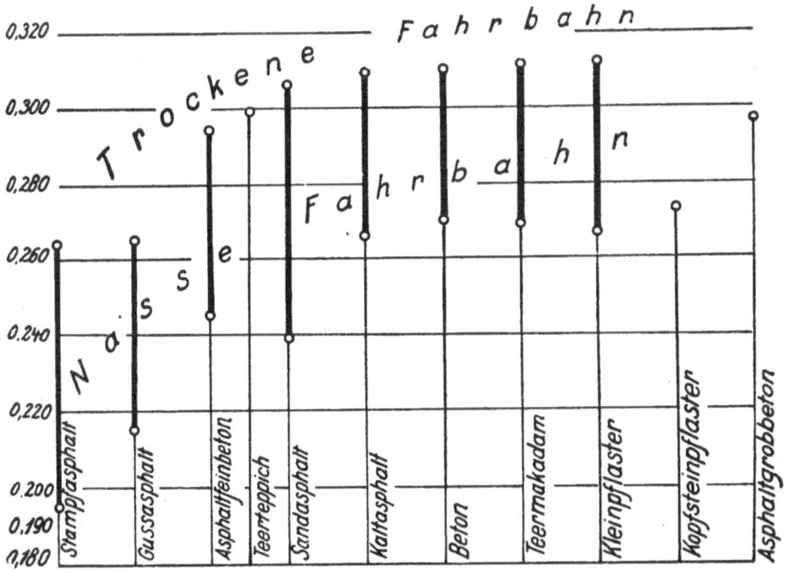

Bild 11.
Reibungsbeiwerte für hochelastische Vollgummireifen auf nassen und trockenen Fahrbahnen.

Tabelle III (Bild 11)

Reibungsbeiwerte für hochelastische Vollgummireifen auf nassen Fahrbahnen.

Ordnungsnummern	Bezeichnung der Versuchsstraße	Mittlerer Reibungsbeiwert	Zustand der Straßendecken
1.	Asphaltgrobbeton (Döberitzer Heerstraße hinter Pichelsdorf)	0.297	Fahrbahn durch leichten Regen angefeuchtet
2.	Kopfsteinpflaster (Ruhlebener Straße in Spandau)	0.273	Fahrbahn naß
3.	Rhoubenite-Beton (Rudower Chaussee)	0.270	Fahrbahn naß, mit Sand bestreut
4.	Teermakadam (Tannenbergallee)	0.269	Fahrbahn naß, mit Baumblättern bedeckt
5.	Kleinpflaster (Döberitzer Heerstraße, Charlottenburg)	0.267	Fahrbahn naß und rein
6.	Kaltasphalt (Königin-Elisabethstraße, Charlottenburg)	0.266	Fahrbahn durch leichten Regen angefeuchtet
7.	Asphaltfeinbeton (Müggelheimer Straße in Cöpenick)	0.245	Nasse Fahrbahn, stark mit Sand bestreut
8.	Sandasphalt (Kaiserdamm, Charlottenburg)	0.239	Fahrbahn naß
9.	Gußasphalt (Badenallee, Charlottenburg)	0.215	Fahrbahn durch leichten Regen angefeuchtet
10.	Stampfasphalt (Kaiserdamm, Charlottenburg)	0.195	Fahrbahn naß, schlüpfrig

4. Versuchsergebnisse auf trockenen Fahrbahnen.

Tabelle IV (Bild 11)

Reibungsbeiwerte für hochelastische Vollgummireifen auf trockenen Fahrbahnen.

Ordnungsnummern nach der Größe des Reibungsbeiwertes	Straßenbezeichnung	Mittlerer Reibungsbeiwert	Zustand der Straßendecke
1.	Kleinpflaster (Döberitzer Heerstraße)	0.312	Fahrbahn trocken, Steinköpfe und Kanten abgeschliffen
2.	Teermakadam (Tannenbergallee)	0.311	Fahrbahn trocken
3.	Rhoubenite-Beton (Rudower Chaussee)	0.310	desgl.
4.	Kaltasphalt (Königin-Elisabeth-Straße)	0.309	desgl.
5.	Sandasphalt (Kaiserdamm, Charlottenburg)	0.306	desgl.
6.	Teerteppich (Kaulsdorfer Straße in Cöpenick)	0.299	desgl.
7.	Asphaltfeinbeton, Topeka (Müggelheimer Chaussee, Cöpenick)	0.294	desgl.
8.	Gußasphalt (Badenallee)	0.265	desgl.
9.	Stampfasphalt (Kaiserdamm, Charlottenburg)	0.264	desgl.

Die Beiwerte für nasse Fahrbahnen liegen etwa zwischen 0,200 und 0,295. Für trockene Bahnen über 0,295, nur Stampf- und Gußasphalt gehen hierbei bis auf 0,264 herab.

Zusammenfassung der Vollgummiversuche.

Im allgemeinen liegen also bei hochelastischen Vollgummireifen die Reibungsbeiwerte im Kraftwagenverkehr:

1. bei stark vereisten Fahrbahnen zwischen 0,070—0,120,
2. bei verschneiten Fahrbahnen zwischen 0,120—0,200,
3. bei nassen Fahrbahnen zwischen 0,200—0,300,
4. bei trockenen Fahrbahnen über 0,300,

bzw. bei Stampfasphalt und Gußasphalt über 0,264.

Hierbei ist zu beachten, daß diese Zahlen Mittelwerte sind. Innerhalb der angegebenen Grenzen sind die Unterschiede in den Reibungsgrößen bestimmter Straßendecken: Sandasphalt, Kaltasphalt, Teerstraßen, Betonstraßen und Pflasterstraßen gering, ihre Reibungsbeiwerte liegen in der oberen Hälfte obiger Reibungsspannen; man kann diese Fahrbahnen daher als die verkehrssicheren ansehen. Sichtbar tiefer liegen die Werte von Stampfasphalt und Gußasphalt, während Asphaltfeinbeton Werte aufweist, die in der Mitte liegen. Asphaltgrobbeton zeigte sich in der vorliegenden Ausführung auch im nassen Zustande recht griffig.

b) Versuche mit Luftreifen.

Stellt man in derselben Weise wie bei Vollgummireifen auch bei Luftreifen einen allgemeinen Überblick durch Zusammenstellung der gemittelten Werte her, so erhält man nach Tabelle 5 (Bilder 1 und 2, Seite 56) meiner bereits erwähnten Schrift von 1928 folgende in den Tabellen V und VI zusammengefaßten Ergebnisse für vereiste und trockene Fahrbahnen.

Die Reibungsbeiwerte auf vereisten Straßen weisen eine bemerkenswerte Übereinstimmung auf. Das liegt daran, daß hier nicht die eigentliche Straßenbefestigung, sondern die auf ihr liegende Eis- resp. Schneeschicht untersucht wurde. Die Größenfolge der Reibungsbeiwerte wurde bei den größten Reibungsbeiwerten — Teerteppich, Teermakadam, Kaltasphalt —

Tabelle V (Bild 12)

Reibungsbeiwerte bei luftbereiften Kraftwagen auf vereisten Straßen.

Ordnungsnummern nach dem mittleren Reibungsbeiwert	Straßenbezeichnung	Mittlere Reibungszahl	Straßenzustand
1.	Teerteppich (Kaulsdorfer Straße in Cöpenick)	0.268	Starke festgefahrene Schneedecke, mit Sand bestreut
2.	Teermakadam (Tannenbergallee)	0.248	Vereist, mit Sand bestreut
3.	Kaltasphalt (Königin-Elisabeth-Straße)	0.248	Vereist, mit Sand bestreut
4.	Gußasphalt (Badenallee)	0.234	Noch nicht vereist
5.	Rhoubenite-Beton (Rudower Chaussee)	0.232	Festgefahrene Schneedecke, mit Sand bestreut
6.	Reihenpflaster (Ruhlebener Straße in Spandau)	0.225	Festgefahrene, vereiste Schneedecke
7.	Kleinpflaster (Heerstraße)	0.218	Neuschnee auf festgefahrener Schneedecke
8.	Oberflächenteerung (Avus)	0.211	Außergewöhnlich stark vereist
9.	Sandasphalt (Kaiserdamm)	0.208	Außergewöhnlich stark vereist
10.	Stampfasphalt (Kaiserdamm)	0.206	Stark vereist

Tabelle VI (Bild 13)

Reibungsbeiwerte bei luftbereiften Kraftwagen auf trockenen Straßen.

Ordnungs-nummern nach dem mittleren Reibungs-beiwert	Straßenbezeichnung	Mittlere Reibungs-zahl	Zustand der Straßendecke
1.	Chaussierung bei Wannsee	0.604	Trocken, schlecht unterhalten, viel Schlaglöcher
2.	Kopfsteinpflaster	0.595	Trocken, sehr holperig
3.	Oberflächenteerung (Avus)	0.586	Trocken
4.	Teermakadam (Tannenbergallee)	0.553	Trocken
5.	Reihenpflaster (Ruhlebener Straße, Spandau)	0.552	Trocken, abgefahrene Köpfe
6.	Teerteppich (Kaulsdorfer Straße)	0.542	Trocken
7.	Rhoubenite-Beton (Rudower Chaussee)	0.530	Trocken
8.	Kleinpflaster (Heerstraße)	0.529	Trocken
9.	Kaltasphalt (Königin-Elisabeth-Straße)	0.528	Trocken
10.	Asphaltgrobbeton (Döberitzer Heerstraße hinter Pichelswerder)	0.526	Trocken
11.	Gußasphalt (Baden-Allee)	0.516	Trocken
12.	Stampfasphalt (Kaiserdamm)	0.467	Trocken

durch Sandstreuung beeinflußt. Ohne Sandstreuung wären diese Beiwerte kleiner ausgefallen und die Unterschiede zwischen den einzelnen Decken wäre noch geringer geworden (Bild 12).

Aus den Reibungsbeiwerten für trockene Fahrbahnen wurde Bild 13 hergestellt. Es zeigt uns, daß die Werte vom Asphaltbeton, Kaltasphalt, Kleinpflaster, Beton, Teerteppich, Reihenpflaster, Teermakadam keine großen Unterschiede aufweisen, sie liegen zwischen 0,515 und 0,560. Auch hier macht Stampfasphalt eine Ausnahme und liegt bedeutend unter vorstehenden Werten auf durchschnittlich 0,467.

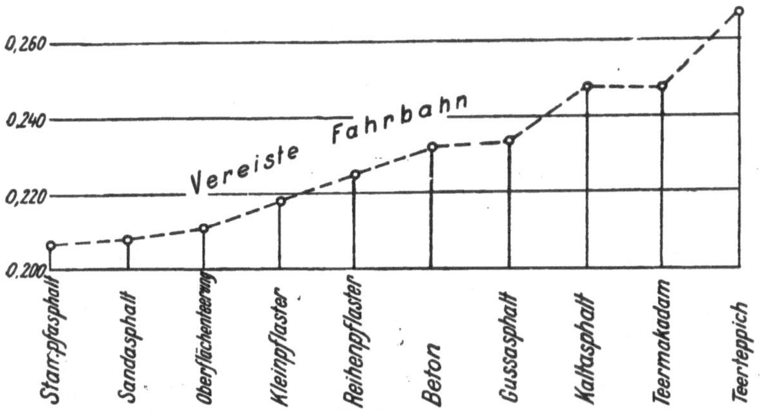

Bild 12.

Reibungsbeiwerte bei luftbereiften Kraftwagen auf vereisten Straßen.

Bedeutend über den Durchschnittswerten liegt gewöhnliche Chaussierung, nämlich auf 0,604, auch Oberflächenteerung und Kopfsteinpflaster zeigen bemerkenswerte hohe Reibungswerte von 0.586 bzw. 0.595.

Zusammenfassung der Versuchsergebnisse.

Wie Tabellen V und VI und Bilder 12 und 13 zeigen, liegen die Reibungsbeiwerte bei Kraftwagen mit Luftbereifung:

1. auf vereisten Fahrbahnen zwischen 0,200—0,270,
2. auf trockenen Fahrbahnen über 0,450.

Bei diesen Versuchen mit Luftbereifung sind die extremen Fahrbahnzustände: ganz trocken und stark vereist untersucht worden. Die Reibungsbeiwerte für die verschiedenen Grade der

Durchnässung werden zwischen obigen Grenzen, also zwischen 0,270—0,450 liegen.

c) Schlußfolgerungen aus den praktischen Versuchen.

Die Versuchsergebnisse zeigen deutlich die größere Verkehrssicherheit der luftbereiften Kraftwagen gegenüber denen mit

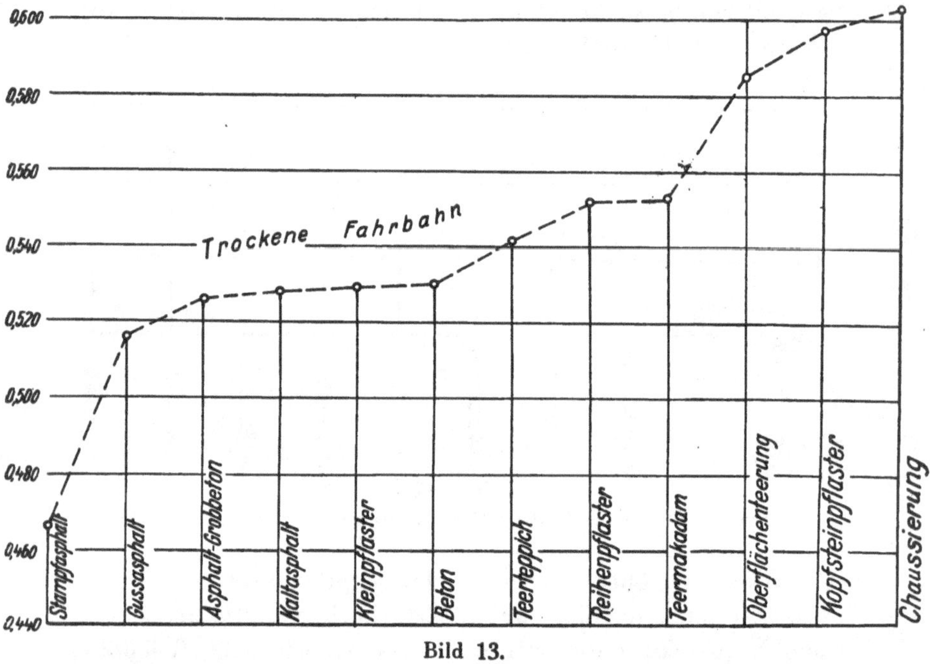

Bild 13.
Reibungsbeiwerte bei luftbereiften Kraftwagen auf trockenen Straßen.

Vollgummi. Bei letzteren sind die Reifenauflagerflächen glatt ohne Unterbrechung; der Straßenschmutz wird unter ihnen flach gedrückt und wirkt als Gleitschicht, die den Bremsweg vergrößert.

Bei den Luftreifen greifen die Gummirippen infolge des durch Aussparungen vergrößerten spezifischen Druckes durch den Straßenschlamm bis auf die eigentliche Straßendecke durch, wodurch die Reibung der Fahrbahndecke ausgenützt wird.

Im allgemeinen haben die Reibungslinien zwischen den Fahrgeschwindigkeiten 15—30 km/Std. steigende Tendenz, zwischen 30—60 km/Std. ist die Richtung uneinheitlich, bei Fahrgeschwindigkeiten über 60 km/Std. hinaus sinken die Reibungslinien allgemein nach unten, die Reibungsbeiwerte werden kleiner, d. h. die Haftung der Triebräder auf der Fahrbahndecke wird geringer.

Zur Erklärung dieser Erscheinung können verschiedene Ursachen angeführt werden.

Zunächst erfahren die Räder bei großer Fahrgeschwindigkeit durch die Unebenheiten der Straßendecken mehr oder weniger große Stöße, wodurch sie in die Höhe geworfen werden und daher nicht mehr mit ihrem vollen Gewicht auf der Straße lasten. Die Folge ist eine verringerte Haftung, also geringere Reibung der Räder auf der Fahrbahn, was natürlich in den niedrigen Reibungsbeiwerten zum Ausdruck kommt.

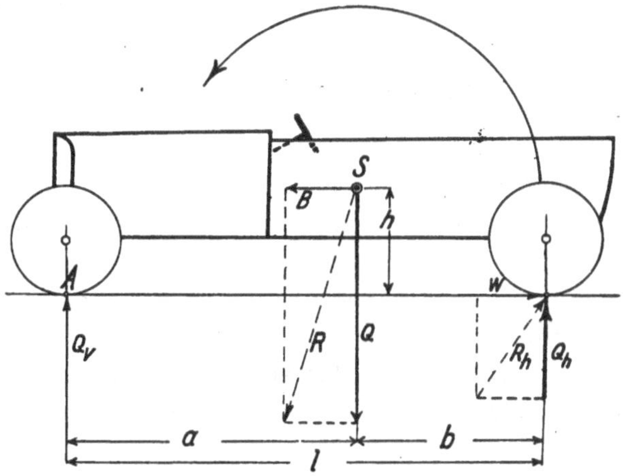

Bild 14.

Andererseits spielt hierbei aber die durch den Betrieb bedingte Veränderung in der Achsbelastung des fahrenden Wagens eine große Rolle. Es treten nämlich beim Anfahren, beim Bremsen und bei jedem Geschwindigkeitswechsel Drehmomente auf, die eine Verschiebung in der Belastung zur Folge haben, wie aus nachstehender Betrachtung hervorgeht (Bild 14).

Bezeichnet Q das im Schwerpunkt S angreifende Wagengewicht, Q_h = Fahrbahnreaktion des gebremsten Rades, W den der Bremsverzögerungskraft B entsprechenden Fahrbahnwiderstand, so folgt aus den Gleichgewichtsbedingungen um den Berührungspunkt A des Vorderrades:

$$Q_h \cdot l + B \cdot h = Q \cdot a$$

$$Q_h = Q \cdot \frac{a}{l} - B \cdot \frac{h}{l}$$

Nun ist der Fahrbahnwiderstand $W = Q_h \cdot f_1$, wo f_1 den statischen Reibungskoeffizienten bedeutet. Es darf also, wenn Gleiten nicht eintreten soll, B auch höchstens diesen Wert annehmen, daher $B = W = Q_h \cdot f_1$. Die Kräfte B und W bilden also als Kräftepaar ein Drehmoment $B \cdot h$.

In obiger Gleichung bedeutet $Q \cdot \frac{a}{l}$ den Druck der Hinterachse beim ungebremsten Wagen, $B \cdot \frac{h}{l}$ die Belastungsabnahme der Hinterachse infolge des Bremsens, demnach ist Q_h die der entlasteten Hinterachse entsprechende Fahrbahnreaktion. Nun übt die durch das Bremsen entlastete Hinterachse eine geringere Bremswirkung aus als die nicht entlastete; die Bremswege ergeben sich größer, infolgedessen errechnen sich die Reibungsbeiwerte geringer. Das Drehmoment $B \cdot h$ bringt gleichzeitig mit der Entlastung der Hinterachse beim Bremsen eine entsprechende Höherbelastung der Vorderachse zustande. Wenn man also außer den Hinterrädern noch die Vorderräder zum Bremsen heranzieht (Vierradbremse), so wird man stets die Gesamtbelastung Q des Wagens für das Bremsen zur Verfügung haben.

Die größte Reibungskraft, die an der Bremse ausgeübt werden kann, ist $(Q \cdot \frac{a}{l} - B \cdot \frac{h}{l})\, f_1$, worin f_1 der statische Reibungsbeiwert ist. Dieser Wert wird aber nicht erreicht, wenn infolge von Betriebseinflüssen der kleinere dynamische Reibungsbeiwert in Wirksamkeit getreten ist. Dies kann zunächst bei zu starker Betätigung der Bremse stattfinden. In diesem Falle wird die oben angegebene, zulässig größte Reibung überschritten, die Triebräder werden blockiert und gleiten auf der Fahrbahn.

Es gehört demnach ein besonderes feines Gefühl und große Geschicklichkeit dazu, die Bremse nur so stark anzuziehen, daß die Triebräder gerade noch im Rollen bleiben, um den größten statischen Reibungsbeiwert auszunützen.

Dies richtige Bremsen wird sehr durch zu starke Bemessung der Bremsen erschwert. Die Konstruktion der Bremsen erfolgt nach den größten in Frage kommenden Kräften; die Bremse wird also für die gewöhnlichen Betriebsfälle zu stark sein. Allerdings ist zu berücksichtigen, daß durch Abnutzung der Bremsbeläge und eventuell durch Verölen derselben die Bremswirkung manchmal stark herabgesetzt werden kann. Das Gefühl des Menschen muß eben hier die Mängel der Konstruktion ausgleichen.

Sehr gefährlich sind in dem Grenzzustand zwischen statischer und dynamischer Reibung und bei reiner dynamischer Reibung etwa auftretende Querkräfte. Diese sind möglich bei Fahrbahnen von unebener oder verschieden rauher Oberfläche, auf denen die Räder der einen Wagenseite Stöße erhalten oder größere Reibung vorfinden können als die der anderen Seite.

Große Querkräfte können ferner in den Wagen kommen, wenn die Bremsen nicht gleichmäßig eingestellt sind, oder durch irgendwelche Unregelmäßigkeit in den Kraftübertragungsteilen auf den beiden Wagenseiten verschieden stark zur Wirkung kommen.

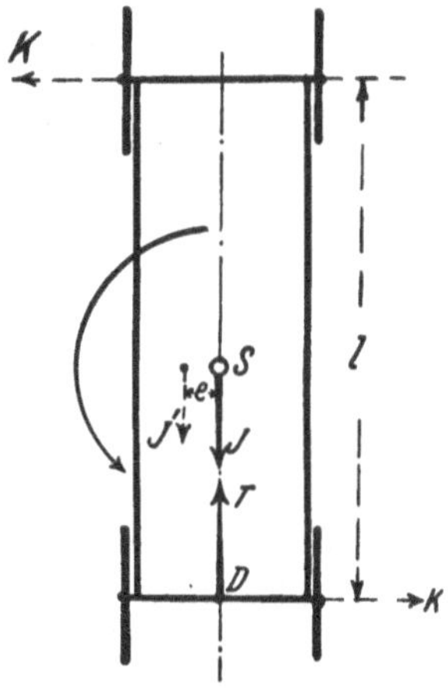

Bild 15.

In nebenstehender Skizze (Bild 15) greife die Triebkraft T in der Mitte D der Triebachse und die Trägheitskraft J im Schwerpunkt S an. Der Wagen wird sich im Gleichgewicht befinden, wenn die im Schwerpunkt S angreifende Trägheitskraft J durch die Mitte D der Triebachse geht.

Greifen aber infolge oben skizzierter Einflüsse Kräfte J' exzentrisch etwa e cm neben der Wagenachse an, so kommt ein Drehmoment $M = J' \cdot e$ in den Wagen, das Seitenkräfte K senkrecht zur Radebene zur Folge hat. Diese Kräfte versuchen den Wagen senkrecht zur Radebene seitlich zu schleudern.

Dieser Bewegung kann nur durch die Seitenkomponente der Fahrbahnreibung senkrecht zur Radebene Widerstand geleistet werden. Diese Komponente ist aber nur sehr klein, da der größte Teil der Reibung beim fahrenden Wagen in Richtung der Radebene in Anspruch genommen wird. Die Folge davon ist, daß der Wagen den Seitenkräften einen sehr geringen Widerstand entgegensetzen kann. Treten noch beim Durchfahren von Krümmungen die mit dem Quadrat der Geschwindigkeit wachsenden Zentrifugalkräfte auf, so ist diesen der Wagen vollständig ausgeliefert, d. h. er wird seitlich aus der Krümmung mit großer Gewalt herausgeschleudert. Es ist deshalb nicht richtig, beim Durchfahren von Krümmungen zu bremsen; die Fahrgeschwindigkeit muß beim Eintritt in die Krümmung schon so weit vermindert sein, als es der Krümmungsradius verlangt.

III. Laboratoriumsversuche

zur Feststellung der Beziehungen zwischen statischer und dynamischer Reibung und zur Untersuchung der Schlüpfrigkeit der Straßen bei verschieden starken Verschlammungen.

Die im Vorstehenden entwickelten Reibungsbeiwerte sind der mathematische Ausdruck einer großen Anzahl praktisch gewonnener Beobachtungswerte; sie entsprechen daher den wirklichen Betriebsbedingungen des Kraftwagens und bezeichnen diejenigen Reibungswerte, die im Kraftwagenverkehr nutzbar werden. Andere nach erkünstelten Prüfungsverfahren berechnete Reibungszahlen werden stets falsche Bilder von dem Verhalten des Kraftwagens auf der Straße geben, da bei ihnen die Fahrbedingungen des Kraftwagens nicht berücksichtigt sind.

Die oben angegebenen Reibungsbeiwerte entsprechen einem Reibungszustand, in dem das Rad aus der statischen Reibung in die dynamische übergegangen ist. Die Bremse wurde stets so energisch getätigt, als es möglich war, den Wagen gerade noch vor dem Schleudern zu bewahren. Die statische Reibung wechselte hierbei mit der gleitenden ab. Die gefundenen Reibungsbeiwerte müssen daher als dynamische angesehen werden.

Die Werte der statischen Reibung liegen entsprechend höher. Wie groß die Differenz zwischen beiden Reibungsarten ist, ließ sich durch die praktischen Versuche nicht genau feststellen; deshalb wurde versucht, diese Aufgabe durch Laboratoriumsversuche zu lösen. Wenn man auf diese Weise auch keine der Wirklichkeit entsprechenden Reibungsbeiwerte erhalten konnte, so konnte man doch aus der Gegenüberstellung der gefundenen Werte die gewünschte Differenz zwischen statischer und dynamischer Reibung finden.

Diese Laboratoriumsversuche gaben gleichzeitig Gelegenheit, die Frage der Schlüpfrigkeit der Straßendecken näher zu untersuchen. Der Vorteil dieser Untersuchungen bestand darin, daß man alle Fahrbahnproben in denselben Grad der Annässung,

Verölung und Verschlammung versetzen und daher in demselben Zustande untersuchen konnte. Hierdurch hatte man die Gewähr, genau vergleichbare Ergebnisse zu erhalten.

Die Versuche wurden mit Luft- und Vollgummireifen parallel und senkrecht zur Radebene ausgeführt. Untersucht wurden dieselben Fahrbahndecken, auf denen die oben beschriebenen Bremsversuche stattfanden. Zu diesem Zwecke wurden seitens der Straßenbauverwaltung in Berlin aus den betreffenden

Bild 16.
Versuch mit Luftreifen.

Straßendecken Versuchsstücke von 50×50 cm herausgestemmt, wofür ich dieser Verwaltung an dieser Stelle meinen Dank ausspreche.

Die herausgestemmten Fahrbahnteile wurden in Holzkästen auf Betonbettung verlegt, um genau gerichtete und gut gelagerte Versuchskörper zu erhalten.

Um den Bewegungsvorgang auf der Straße möglichst nachzuahmen, wurde nicht, wie es gewöhnlich geschieht, ein Gummistück, sondern eine Radfelge mit Gummireifen auf das Versuchsstück gesetzt, belastet und einer Zugkraft ausgesetzt. Beim Luftreifenversuch wurde ein von einem Wagen abmontiertes Rad (Bild 16), beim Vollgummiversuch ein besonders konstruierter Radteil mit aufgeschraubtem Gummireifen (Bild 17) benutzt.

Bild 17.
Versuch mit hochelastischem Vollgummireifen.

Die Zugvorrichtung griff beim Luftreifen an zwei am Reifen festgeklemmten, auf Bild 16 nicht zu sehenden, Flacheisen, beim Vollgummiversuch an zwei auf Bild 17 sichtbaren seitlichen Laschen an.

Der Zug wurde so ausgeübt, daß der Versuchsreifen zunächst abrollte und erst dann, wenn die statische Reibung überwunden war, ins Gleiten kam. Die Zugkraft wurde durch ein Dynamometer gemessen, das in das Zugseil eingeschaltet war. Die Gesamtanordnung der Versuchsvorrichtungen ist aus Bild 17 ersichtlich.

Alle Versuche wurden auch hier mindestens dreimal ausgeführt, so daß alle errechneten Werte genügend kontrolliert wurden.

Die Fahrbahnbeläge wurden in folgender Oberflächenbeschaffenheit den Versuchen unterworfen:

1. rein und trocken,
2. rein und naß,
3. verölt,
4. verschlammt.

Das Verölen sollte den Straßenzustand darstellen, der durch das Tropföl der Kraftwagen verursacht wurde. Zu diesem Zweck wurden stets 10 Tropfen = 0,23 cm^3 Öl, sogenanntes Mobilöl, auf 200 cm^2 Fahrbahnfläche verwendet; auf dieser Fläche wurde das Öl mit dem Reifengummi gleichmäßig verrieben.

Um für den Versuch eine Verschlammung herstellen zu können, die den wirklichen Verhältnissen möglichst entsprach, mußte man die Zusammensetzung des sich auf der Straße bildenden Schlammes kennen.

Zu diesem Zwecke wurde Straßenschlamm analysiert. Die Analyse hatte folgendes Ergebnis:

Straßenschlamm vom Halleschen Tor in Berlin, entnommen am 29. 1. 1929.

Gesamtmenge von 1 m^2 bei 105^0 getrocknet: 98 g.

NaCl (Kochsalz)	7,25 %
Schwefelsäure	Spuren
Salpetersäure	Spuren
Fe_2O_3 und Al_2O_3 (Eisen- und Aluminiumoxyd)	6,64 %
$CaCO_3$ (Kalziumkarbonat)	5,40 %
$MgCO_3$ (Magnesiumkarbonat)	4,53 %
Uebertrag	23,82 %

Uebertrag	23,82 %
Öl	0,50 %
Bitumen	0,34 %
Kautschuk	Spuren
in H_2O lösliche organische Substanz + Kristallwasser	0,90 %
in H_2O unlösliche organische Substanz + Kristallwasser	10,44 %
SiO_2 (Kieselsäure)	64,00 %
	100,00 %

Die analysierte Schlammprobe wurde an einem Tautage entnommen. Bei ihr fällt der hohe Gehalt (7,25 %) an Kochsalz und an Kieselsäure (64 %) auf. Beides ist erklärlich durch das Streuen von Salz zum Wegtauen des Schnees und von Sand zum Abstumpfen der Eisbildungen auf der Straße. Bei den zahlreichen Versuchen kam es nun darauf an, für alle Versuche stets Schlamm derselben Beschaffenheit zur Verfügung zu haben. Es wurde daher unter Anlehnung an obige Analyse ein synthetischer Schlamm hergestellt, der

84,5 % anorganische Bestandteile,
14,5 % organische Bestandteile
und 1,0 % Öl und Bitumen

100,0 %

enthielt.

Die anorganischen Bestandteile gingen durch das Prüfsieb 100 (10 000 Maschen pro cm^2) Din 1171. Dieser Schlamm wurde in verschiedener Konsistenz auf die Probestücke aufgebracht und zwar wurden für den Grundversuch 9 g synthetische Schlammtrockensubstanz in 7 g Wasser aufgeweicht und als Schmiere gleichmäßig auf 200 cm^2 Fahrbahnfläche verteilt.

Es wurden dann für die folgenden Versuche weitere Verdünnungen des Schlammes vorgenommen, indem jedesmal weitere 5 g Wasser zugesetzt wurden. Dadurch erhielten die zu untersuchenden Straßenbeläge in Abstufungen dieselben Grade der Verschlammung wie eine Straße bei anhaltendem Regen.

Auch die Belastungen der Radreifen wurden nach Möglichkeit den wirklichen Verhältnissen angepaßt. Der Luftreifen wurde mit 165 kg belastet. Dies ergab bei einer wirklichen Auflagerfläche von 49,4 cm² — abzüglich der Aussparungen — einen mittleren spezifischen Druck von 3,34 kg/cm², Bild 18.

Bild 18a zeigt die Auflagerfläche bei Seitenzug; die Gummirippen sind entgegen der Zugrichtung gezerrt.

Bei den Vollgummiversuchen mußte, um eine möglichst hohe spezifische Pressung zu erhalten, die Gummireifenbreite auf 4 cm beschränkt werden, da es nicht möglich war, mehr als 214 kg Eisengewichte als Radbelastung unterzubringen.

Bild 18.
Luftreifen, 4 atm. Innendruck, Auflagefläche 49.4 cm².

Nach Bild 19 ist die Gummiauflagerfläche bei diesen Versuchen 52 cm², so daß sich eine mittlere spezifische Pressung von 214 : 52 = 4,1 kg/cm² ergibt.

Bei der Beurteilung der auf den Tabellen VII bis X und Bildern 20 bis 23 dargestellten Versuchsergebnisse ist zu beachten, daß diese Werte bei langsamer Bewegung, also ohne Berücksichtigung der Fahrgeschwindigkeit und der anderen beim fahrenden Kraftwagen auftretenden, die Reibung verringernden Einflüsse gewonnen wurden. Infolgedessen mußten diese Labo-

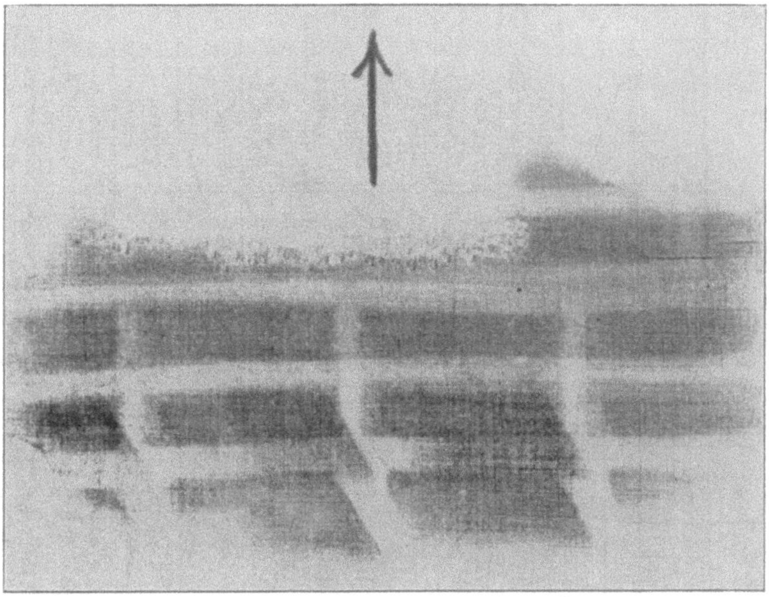

Bild 18a.
Luftreifen unter 165 kg Belastung bei 120 kg Seitenzug in Pfeilrichtung.

ratoriumsversuche für den praktischen Gebrauch zu hohe Werte liefern.

Trotzdem geben sie wichtige Aufschlüsse über die Verkehrssicherheit der verschiedenen Straßendecken in den verschieden

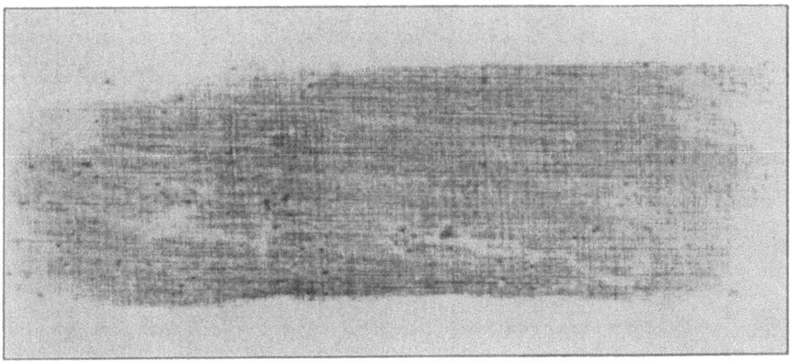

Bild 19.
Vollgummireifen, Auflagerfläche 51 cm².

Tabelle VII (Bild 20)

Laboratoriumsversuche mit Luftreifen.

Zugkraft parallel zur Radebene.

Ordnungsnummern nach Reibungsbeiwert bei verschlammter Bahn	Art der Straßendecke	Reibungsbeiwerte – Zustand der Straßenoberfläche: trocken	naß	verölt	9 g Straßenschlamm + 7 g H_2O	9 g Straßenschlamm + 12 g H_2O	9 g Straßenschlamm + 17 g H_2O	9 g Straßenschlamm + 27 g H_2O	Bemerkung
1.	Stampfasphalt	0.670	0.548	0.155	0.208	—	0.254	0.355	Statisch
		0.636	0.485	0.118	0.136	—	0.215	0.315	Dynamisch
2.	Asphaltbeton	0.734	0.667	0.208	0.237	—	0.351	0.481	Statisch
		0.705	0.645	0.185	0.168	—	0.302	0.454	Dynamisch
3.	Sandasphalt	0.768	0.735	0.277	0.242	—	0.368	0.535	Statisch
		0.735	0.710	0.230	0.178	—	0.321	0.490	Dynamisch
4.	Gußasphalt	0.690	0.608	0.181	0.241	0.255	0.295	0.425	Statisch
		0.660	0.566	0.147	0.181	0.193	0.250	0.380	Dynamisch
5.	Teermakadam	0.732	0.690	0.253	0.240	0.267	0.385	0,574	Statisch
		0.690	0.650	0.224	0.181	0.240	0.343	0.532	Dynamisch
6.	Kleinpflaster	0.730	0.650	0.143	0.242	—	0.392	0.548	Statisch
		0.698	0.606	0.119	0.194	—	0.341	0.503	Dynamisch
7.	Kaltasphalt (Bitumuls)	0.739	0.715	0.250	0.240	—	0.362	0.499	Statisch
		0.715	0.693	0.212	0.198	—	0.315	0.464	Dynamisch
8.	Dammannasphalt	0.760	0.672	0.281	0.261	—	0.424	0.666	Statisch
		0.724	0.654	0.230	0.201	—	0.361	0.606	Dynamisch
9.	Rhoubenite-Beton	0.777	0.636	0.255	0.252	—	0.330	0.475	Statisch
		0.748	0.600	0.220	0.210	—	0.270	0.432	Dynamisch
10.	Reihenpflaster	0.777	0.640	0.280	0.246	—	0.418	0.622	Statisch
		0.740	0.616	0.250	0.212	—	0.369	0.583	Dynamisch

Bild 20 (zu Seite 46)

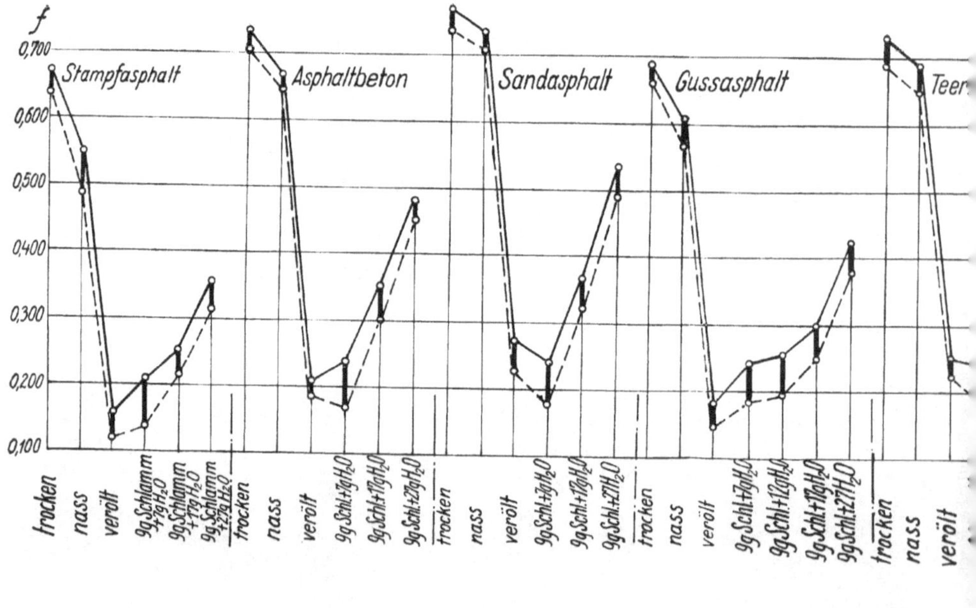

Laboratoriumsversuche

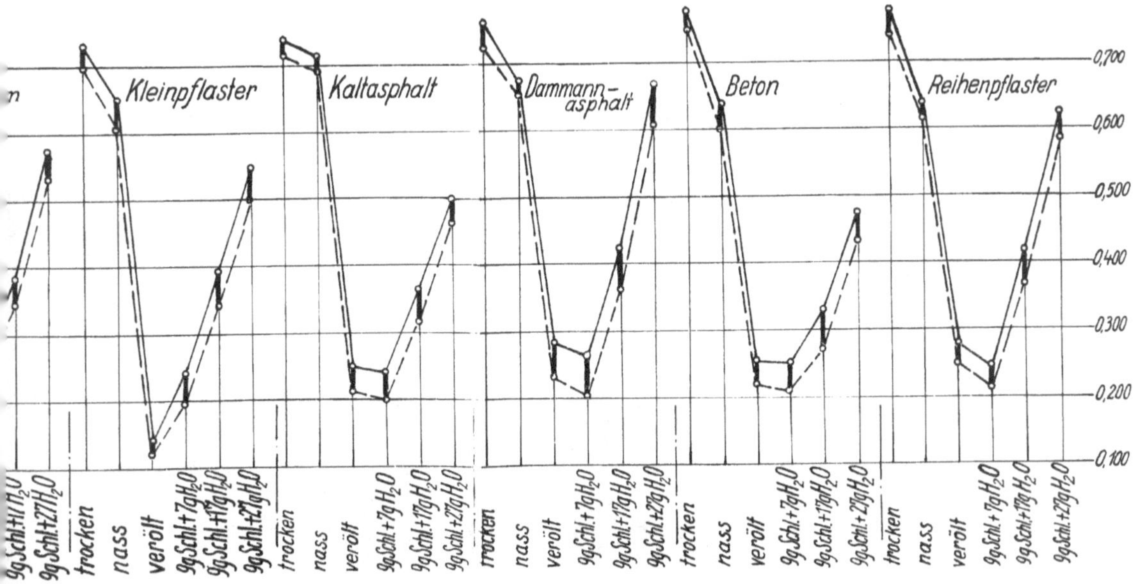

Bild 20.

ftreifen. Zugkraft parallel zur Radebene.

Bild 21 (zu Seite 47)

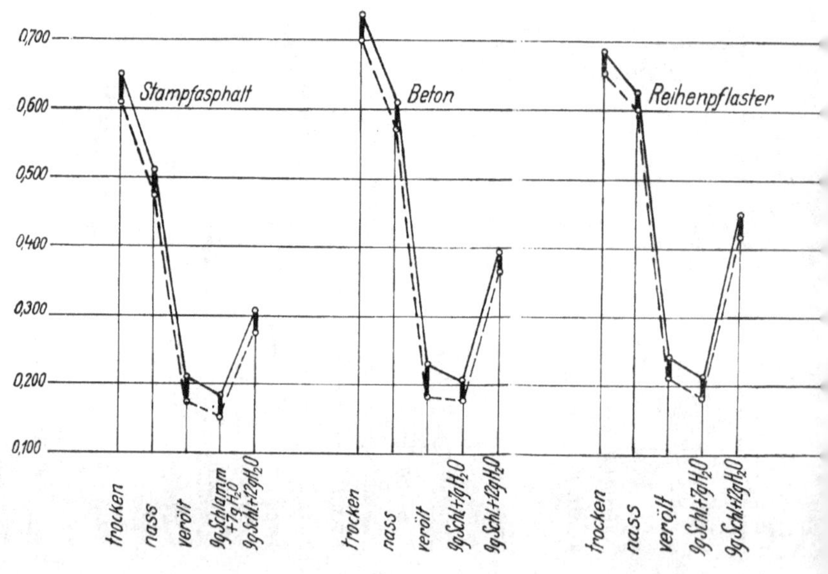

Laboratoriumsv

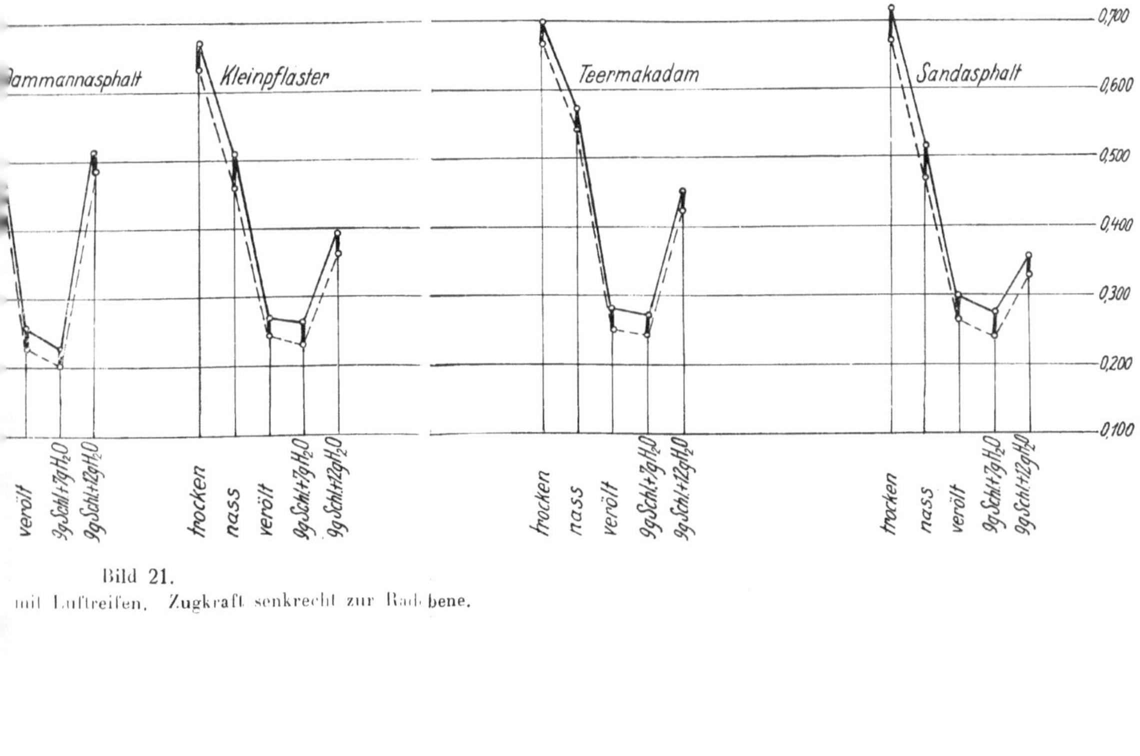

Bild 21.

mit Luftreifen. Zugkraft senkrecht zur Radebene.

Tabelle VIII (Bild 21)

Laboratoriumsversuche mit Luftreifen

Zugkraft senkrecht zur Radebene.

Ordnungsnummern nach der Reibungsgröße bei größter Verschlammung	Art der Straßendecke	Reibungsbeiwerte — Zustand der Straßendecken: trocken	naß	verölt	9 g Straßenschlamm + 7 g H_2O	9 g Straßenschlamm + 12 g H_2O	Bemerkung
1.	Stampfasphalt	0.648	6.510	0.207	0.180	0.306	Statische Reibung
		0.606	0.473	0.174	0.152	0.274	Dynamische Reibung
2.	Beton	0.736	0.606	0.230	0.204	0.391	Statische Reibung
		0.698	0.572	0.182	0.178	0 361	Dynamische Reibung
3.	Reihenpflaster	0.685	0.624	0.242	0.211	0.450	Statische Reibung
		0.654	0.600	0.212	0 182	0.416	Dynamische Reibung
4.	Dammannasphalt	0.666	0.606	0.256	0.227	0.513	Statische Reibung
		0.636	0.571	0.228	0.202	0.486	Dynamische Reibung
5.	Kleinpflaster	0.668	0.506	0.270	0.262	0.394	Statische Reibung
		0.630	0.458	0.242	0.230	0.361	Dynamische Reibung
6.	Teermakadam	0.697	0.572	0.282	0.272	0.454	Statische Reibung
		0.666	0.542	0.252	0.242	0.424	Dynamische Reibung
7.	Sandasphalt	0.718	0.516	0.300	0.276	0.360	Statische Reibung
		0.673	0.472	0.266	0.242	0.333	Dynamische Reibung

möglichen Verschlammungszuständen, da man, wie bereits ausgeführt wurde, die Möglichkeit hat, die Schmierschicht in genau bemessener Menge und Beschaffenheit auf die Versuchsfahrbahn zu bringen. Hierdurch wird eine scharfe Erfassung der einzelnen Reibungszustände ermöglicht.

Die Reibungsbeiwerte ergeben sich aus dem Quotienten $\frac{Z}{Q}$ wo Q die Radlast in kg und Z die zum Bewegen des belasteten Rades erforderliche Zugkraft in kg bedeutet.

1. Versuche mit Luftreifen.

Bei den Luftreifenversuchen zeigt sich keine große Verschiedenheit in den Reibungsbeiwerten der einzelnen Deckenarten.

Die Fahrbahndecken wurden hier, wie bei den folgenden Versuchsreihen, in der Reihenfolge aufgeführt, die der Größe der Reibungsbeiwerte bei stärkster Verschlammung entspricht. Eine Gütebezeichnung hinsichtlich Verkehrssicherheit soll dies nicht bedeuten; wollte man eine solche haben, so müßte man die Gruppierung für jede Versuchsart besonders durchführen, da die Reihenfolge bei den Versuchen parallel und senkrecht der Radebene zu verschieden ist.

Unzweideutig tritt nur Stampfasphalt bei allen Versuchen heraus, und zwar als Decke mit dem geringsten Reibungsbeiwert. Im trockenen und im nassen Zustande bietet allerdings auch diese Decke genügend Adhäsion, aber im verölten bzw. verschlammten Zustande hat Stampfasphalt nur niedrige Reibungsbeiwerte von 0,136 bei Bewegung parallel und 0,152 senkrecht zur Radebene.

Die Werte aller übrigen Decken liegen höher, sind aber nicht sehr verschieden voneinander.

Die Reibungsbeiwerte für stark verschlammte Bahnen liegen:
 bei Bewegung parallel zur Radebene von 0,136—0,212,
 bei Bewegung senkrecht zur Radebene von 0,152—0,242.

Letztere Werte sind also etwas höher, was wohl auf die Wirkung der Längsrillen im Radreifen zurückzuführen ist, die einer Querbewegung einen größeren Widerstand entgegensetzen.

Die Bilder 20 und 21 zeigen, daß der Unterschied der Werte auf trockenreiner und naßreiner Bahn nicht sehr groß ist.

Jedenfalls ist die Reibung auch bei naßreiner Bahn noch bei allen Fahrbahndecken hinreichend groß.

Ein großer Sturz findet aber statt, wenn die Bahn mit einer Schmierschicht bedeckt ist. In diesem Zustande hochgradiger Verschlammung müssen feinkörnige Decken, deren Reibungsbeiwerte unter 0,20 liegen, als unsicher bezeichnet werden, z. B. Stampfasphalt, Gußasphalt, Asphaltbeton, Sandasphalt, Teermakadam (Bild 20).

Wie Bild 20 zeigt, nimmt aber die Reibung bei allen Decken nach Maßgabe der Verdünnung des Schlammes mit Wasser stetig zu und erreicht bei hinreichender Wasserzugabe wieder die Reibungsbeiwerte der naßreinen Bahnen, wie aus allen Schaulinien, besonders aber bei denen für Teermakadam, Kleinpflaster, Dammanasphalt und Reihenpflaster hervorgeht.

2. Versuche mit Vollgummireifen.

Die Versuche mit Vollgummireifen zeigen, wenn man wie bei den Luftreifen nach großen Gesichtspunkten verfährt, ein ähnliches Bild.

Im Zustande höchster Verschlammung liegen die Reibungsbeiwerte

bei Bewegung parallel zur Radebene von 0,043—0,076,

bei Bewegung senkrecht zur Radebene von 0,031—0,085.

Sie befinden sich also wesentlich unter den obigen bei den Luftreifen gefundenen Werten. Der Grund liegt in der geschlossenen glatten Auflagerfläche der Vollgummireifen. Hier hat der Schlamm keine Möglichkeit, in Gummiaussparungen seitlich zu entweichen, sondern wird zur dünnen Gleitschicht ausgepreßt, die die Ursache der gefürchteten Schlüpfrigkeit ist. In diesem Falle bietet keine Fahrbahndecke Verkehrssicherheit.

Aus diesem Grunde müßte man auch den hochelastischen Vollgummireifen Rippenausbildungen in der Gummiauflage geben.

Die Reibungsbeiwerte bei parallel und senkrecht zur Radebene gerichteter Bewegung sind ungefähr gleich, was bei der gleichmäßig glatten Reifenoberfläche des Vollgummireifens erklärlich ist.

Der Unterschied zwischen den trockenreinen und naßreinen Decken ist auch hier gering, jedenfalls besitzt die naßreine Fahrbahn stets für den Kraftwagenverkehr noch genügend Griffigkeit.

Auffallend ist aber auch hier der plötzliche starke Abfall der Reibung bei starker Verschlammung und andererseits wieder das Steigen der Reibungsbeiwerte entsprechend zunehmender Verdünnung des Schlammes.

Hierdurch wird die bekannte Tatsache erklärt, daß bei Beginn eines Regens, wenn der auf der Fahrbahndecke festgefahrene Schlamm anfängt aufzuweichen, die größte Schlüpfrigkeit zu beobachten ist. Dieser gefährliche Zustand dauert solange, als der Schlamm eine bestimmte Konsistenz behält; diese wurde bei einer Mischung von 9 g Trockensubstanz und 7 g Wasser gefunden.

Wird bei anhaltendem Regen die Schlammverdünnung durch Regenwasser so groß, daß die feinen Schlammteilchen von der Straße gespült werden, so wächst mit der damit verbundenen Entschlammung die Verkehrssicherheit der Fahrbahn.

Hieraus geht klar hervor, daß die Schlüpfrigkeit der Straßen eine reine Reinigungsfrage ist.

Es handelt sich zunächst darum, die Schlammschicht aufzuweichen und darauf so schnell wie möglich für Entfernung des aufgelösten Schlammes durch Abziehen und starkes Spülen zu sorgen.

Die Reinigung müßte so regelmäßig und häufig erfolgen, daß sich eine feste Schlammkruste gar nicht erst bilden kann.

Auch die griffigste Fahrbahn wird schlüpfrig, wenn sich eine Schlammschicht zwischen ihr und dem Radreifen bilden kann.

Daher ist die erste Forderung: Schlammschicht beseitigen!

Daneben wird man bestrebt sein müssen, den ebenen, glatten neueren Straßendecken eine rauhe Oberfläche zu geben.

Die Rauhüberzüge mit Asphalt oder Teer, mit denen man in letzter Zeit an verschiedenen Stellen Versuche anstellte, stumpfen wohl ab, haben aber keine lange Lebensdauer, da sie durch die Verkehrsreibung sehr schnell abgeschliffen werden. Dasselbe ist von Aufrauhungsversuchen durch eingepreßte Muster zu sagen, wie die Waffelmusterversuche der Stadtverwaltung Berlin z. B. auf dem Stampfasphalt in der Siegesallee zeigen.

Solange noch keine brauchbare Lösung gefunden ist, kann der Kraftfahrer sich nur dadurch vor Unfällen schützen, daß er die Fahrgeschwindigkeit entsprechend der Schlüpfrigkeit herabmindert und besonders in Krümmungen mit äußerster Vorsicht fährt.

Zu verlangen ist aber schon jetzt, daß der die eigentliche Schlüpfrigkeit verursachende Schlamm stets rechtzeitig von der Straße entfernt wird.

b) Beziehungen zwischen statischer und dynamischer Reibung.

Bei den vorstehenden Versuchen wurden noch Beobachtungen gemacht, die den Unterschied zwischen statischer und dynamischer Reibung, worüber im Anfang dieser Schrift eingehender gesprochen wurde, klar vor Augen führen.

Die auszuübende Zugkraft wuchs solange, als die Berührungsfläche des Radreifens in Ruhe blieb. Wenn ein Größtwert der Zugkraft erreicht war, fing ein kaum merkbares Wandern der Reifenauflagerfläche längs der Oberfläche des Versuchskörpers an. Während dieser kurzen Zeitspanne hielt sich die Zugkraft noch auf gleicher Höhe. Sobald aber dieser Übergangszustand überwunden war, verringerte sich plötzlich die Zugkraft, und der Reifen glitt schnell über die Fläche.

Es wurde mit größter Peinlichkeit die in beiden Zeitpunkten vor Beginn und nach Eintritt der Bewegung aufzuwendende Zugkraft festgestellt; es ließen sich daher die Reibungsbeiwerte für den statischen und dynamischen Zustand genau berechnen.

Die festgestellten Reibungsbeiwerte sind aus den Tabellen VII—X und Bildern 20—23 ersichtlich. In letzteren sind die statischen Werte durch ausgezogene, die dynamischen durch punktierte Linien gekennzeichnet.

Der Unterschied zwischen statischer und dynamischer Reibung geht im einzelnen aus den Tabellen XI—XIV und Bildern 20—23 hervor.

Tabelle IX (Bild 22)

Laboratoriumsversuche mit Vollgummireifen.

Zugkraft parallel zur Radebene.

Ordnungsnummern nach Reibungsbeiwert bei verschlammter Bahn	Art der Straßendecke	Reibungsbeiwerte – Zustand der Straßenoberfläche							Bemerkung
		trocken	naß	verölt	9 g Straßenschlamm				
					+ 7 g H_2O	+ 12 g H_2O	+ 17 g H_2O	+ 22 g H_2O	
		1	2	3	4	5	6	7	
1.	Stampfasphalt	0.606	0.400	0.143	0.076	0.191	0.285	0.403	Statische Reibung
		0.582	0.373	0.119	0.043	0.167	0.260	0.375	Dynamische Reibung
2.	Teermakadam	0.701	0.613	0.209	0.081	0.333	0.470	0.542	Statische Reibung
		0.668	0.586	0.181	0.057	0.238	0.430	0.500	Dynamische Reibung
3.	Dammann-asphalt	0.697	0.600	0.286	0.091	0.325	0.436	0.559	Statische Reibung
		0.664	0.566	0.257	0.057	0.270	0.400	0.521	Dynamische Reibung
4.	Sandasphalt	0.719	0.568	0.248	0.095	0.260	0.415	0.477	Statische Reibung
		0.685	0.541	0.224	0.071	0.238	0.390	0.450	Dynamische Reibung
5.	Beton	0.733	0.519	0.119	0.095	0.262	0.315	0.361	Statische Reibung
		0.703	0.495	0.095	0.071	0.238	0.292	0.335	Dynamische Reibung
6.	Reihenpflaster	0.709	0.614	0.130	0.095	0.262	0.333	0.421	Statische Reibung
		0.682	0.587	0.080	0.076	0.233	0.304	0.39)	Dynamische Reibung

Bild 22 (zu Seite 52)

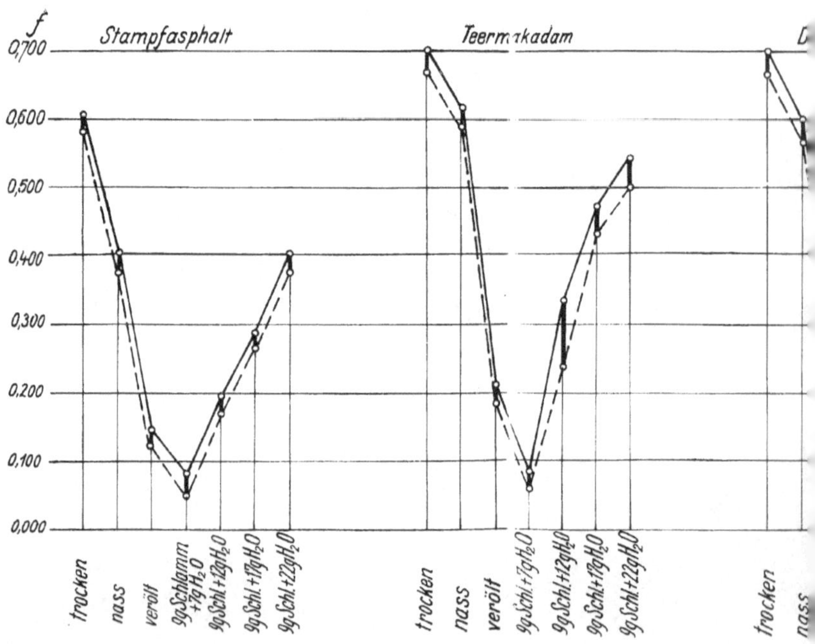

Laboratoriumsver

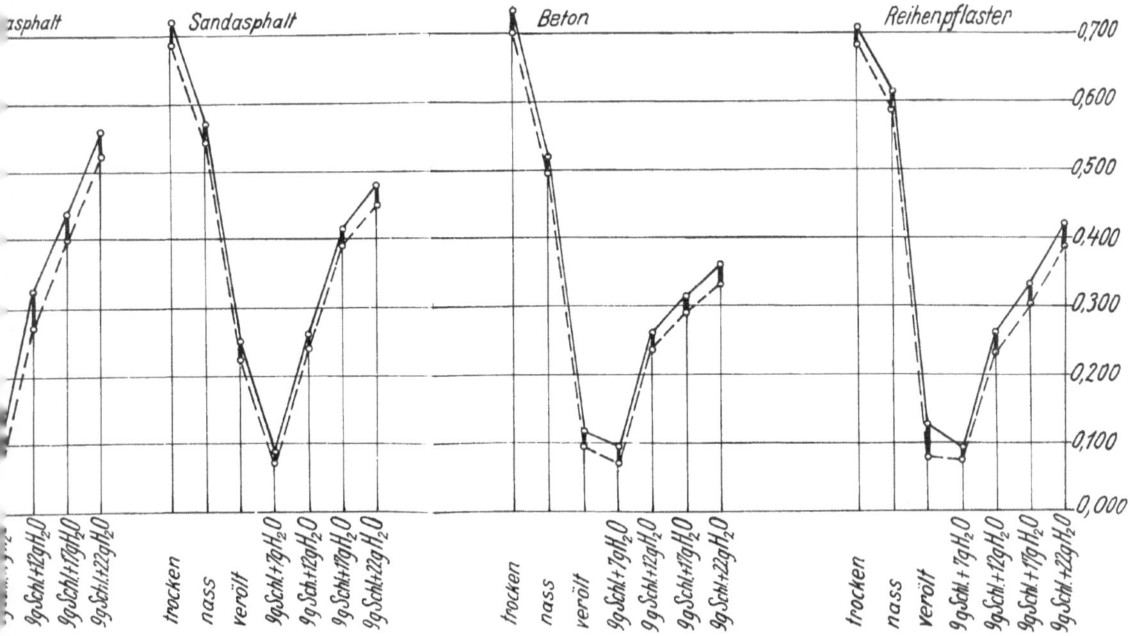

Bild 22.

mit Vollgummireifen. Zugkraft parallel zur Radebene.

Tabelle X (Bild 23)

Laboratoriumsversuche mit Vollgummireifen.

Zugkraft senkrecht zur Radebene.

Ordnungsnummer bei verschlammter Bahn	Art der Straßendecke	Reibungsbeiwerte					Bemerkung
		Zustand der Straßenoberfläche					
					9 g Straßenschlamm		
		trocken	naß	verölt	+ 7 g H_2O	+ 17 g H_2O	
1.	Stampfasphalt	0.470	0.402	0.056	0.041	0.061	Statische Reibung
		0.444	0.390	0,031	0.023	0 041	Dynamische Reibung
2.	Sandasphalt	0.600	0.470	0.142	0.070	—	Statische Reibung
		0.560	0.440	0.093	0.047	—	Dynamische Reibung
3.	Teermakadam	0.600	0.506	0.103	0.087	—	Statische Reibung
		0.575	0.490	0.071	0 067	—	Dynamische Reibung
4.	Beton	0.656	0.561	0.096	0.105	—	Statische Reibung
		0.633	0.534	0.070	0.078	—	Dynamische Reibung
5.	Reihenpflaster	0.560	0.465	0.110	0,117	—	Statische Reibung
		0.531	0.441	0,085	0.093	—	Dynamische Reibung

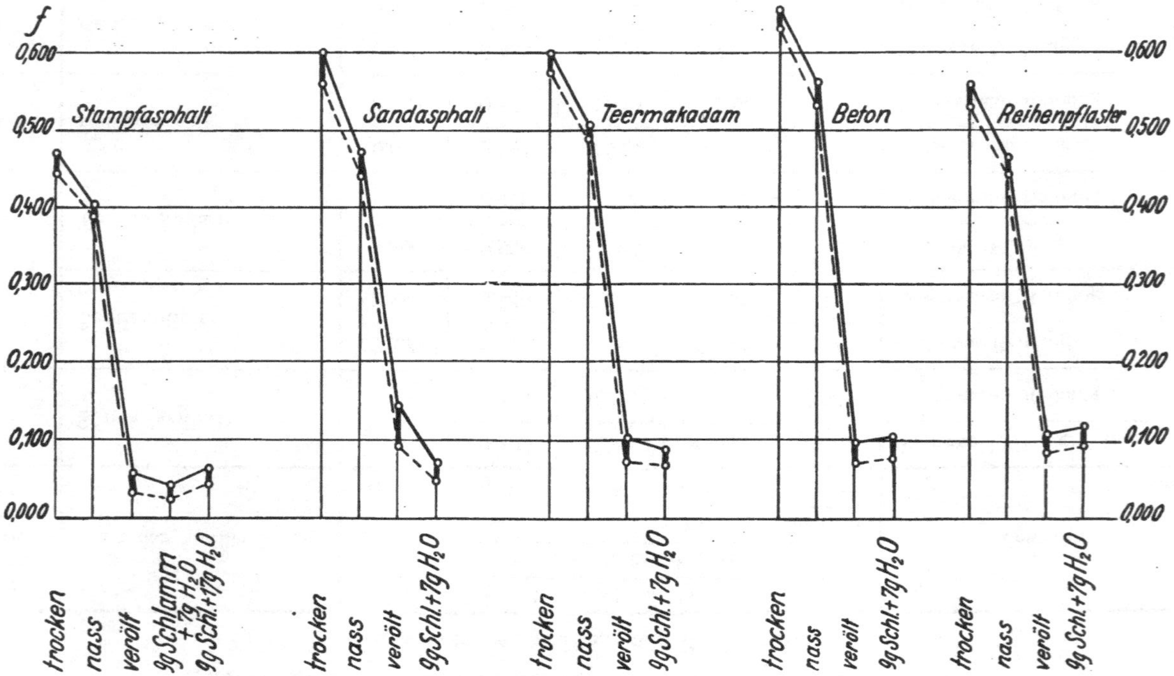

Bild 23.

Laboratoriumsversuche mit Vollgummireifen. Zugkraft senkrecht zur Radebene.

Tabelle XI (Bild 20)

Laboratoriumsversuche mit Luftreifen.

Zugkraft parallel zur Radebene.

Ord-nungs-nummern	Art der Straßendecke	Unterschied zwischen statischer und dynamischer Reibung							
		Zustand der Straßenoberfläche							Arithmet. Mittel aus Spalte 1—7
		trocken	naß	verölt	9 g Straßenschlamm				
					+ 7 g H_2O	+ 12 g H_2O	+ 17 g H_2O	+ 27 g H_2O	
		1	2	3	4	5	6	7	
1.	Stampfasphalt	0.034	0.063	0.037	0.072	—	0.039	0.040	0.051
2.	Asphaltbeton	0.029	0.022	0.023	0.069	—	0.049	0.035	0.038
3.	Sandasphalt	0.033	0.025	0.047	0.064	—	0 047	0.045	0.043
4.	Gußasphalt	0.030	0.042	0.034	0.060	0.062	0.045	0.045	0.046
5.	Teermakadam	0.042	0.040	0.029	0.059	0.027	0.042	0.042	0.040
6.	Kleinpflaster	0.032	0.044	0.024	0.048	—	0.051	0.045	0.040
7.	Kaltasphalt	0.024	0.022	0.038	0.042	—	0.047	0.035	0.035
8.	Dammannasphalt	0.036	0.018	0.051	0.060	—	0.063	0.060	0.048
9.	Rhoubenite-Beton	0.029	0.036	0.035	0.042	—	0.060	0.043	0.040
10.	Reihenpflaster	0.037	0.024	0.030	0.034	—	0.049	0.039	0.035
	Mittlere Werte	0.326 : 10 = 0.0326	0.336 : 10 = 0.0336	0.348 : 10 = 0.0348	0.550 : 10 = 0.055	—	0.492 : 10 = 0.0492	0.429 : 10 = 0.0429	0.416 : 10 = 0.0416

1. Versuche mit Luftreifen.

Auffallend ist, daß bei den Versuchen mit Luftreifen parallel zur Radebene die größten Unterschiede zwischen beiden Reibungsarten bei der größten Verschlammung (9 g Schl. + 7 g H_2O) vorhanden sind, z. B. Stampfasphalt 0,072, Asphaltbeton 0,069, Sandasphalt 0,064, Gußasphalt 0,060. Man hat also gerade bei der größten Schlüpfrigkeit die Möglichkeit, durch Benutzung des

Tabelle XII (Bild 21)

Laboratoriumsversuche mit Luftreifen.

Zugkraft senkrecht zur Radebene.

Ordnungsnummern	Art der Straßendecke	Unterschied zwischen statischer und dynamischer Reibung					
		Fahrbahn					Arith. Mittel aus Spalte 1—5
		trocken	naß	verölt	9 g Straßenschlamm + 7 g H_2O	9 g Straßenschlamm + 12 g H_2O	
		1.	2.	3.	4.	5.	
1.	Stampfasphalt	0.042	0.037	0.033	0.028	0.032	0.034
2.	Beton	0.038	0.034	0.048	0.026	0.030	0.035
3.	Reihenpflaster	0.031	0.024	0.030	0.029	0.034	0.030
4.	Dammann-asphalt	0.030	0.035	0.028	0.025	0.032	0.030
5.	Kleinpflaster	0.038	0.048	0.028	0.032	0.033	0.036
6.	Teermakadam	0.031	0.030	0.030	0.030	0.030	0.030
7.	Sandasphalt	0.045	0.044	0.034	0.034	0.027	0.037
	Mittelwerte	0.255:7 = 0.036	0.252:7 = 0.036	0.223:7 = 0.032	0.214:7 = 0.031	0.218:7 = 0.031	0.033

statischen Reibungsbeiwertes eine größere Verkehrssicherheit zu erreichen. Dies fällt um so mehr in Betracht, als die gleitende Reibung in diesem Falle besonders gering ist. Je schlüpfriger die Fahrbahn ist, desto mehr muß man vermeiden, zu stark zu bremsen und die Räder zu blockieren, also gleitende Reibung hervorzurufen.

Es liegt z. B. bei den oben erwähnten Versuchen, Tabelle VII, bei Stampfasphalt die gleitende Reibung bei der größten

Tabelle XIII (Bild 22)

Laboratoriumsversuche mit Vollgummireifen

Zugkraft parallel zur Radebene.

Ordnungsnummern nach dem Reibungsbeiwert bei verschlammter Bahn	Art der Straßendecke	Unterschied zwischen statischer und dynamischer Reibung							
		Zustand der Straßenoberfläche							Arithm. Mittel zwischen Spalte 1—7
		naß	trocken	verölt	9 g Straßenschlamm				
					+ 7 g H_2O	+ 12 g H_2O	+ 17 g H_2O	+ 27 g H_2O	
		1	2	3	4	5	6	7	
1.	Stampfasphalt	0.024	0.027	0.024	0.033	0.024	0.025	0.028	0.026
2.	Teermakadam	0.033	0.027	0.028	0.024	0.095	0.040	0.042	0.041
3.	Dammannasphalt	0.033	0.034	0.029	0.034	0.055	0.036	0.038	0.037
4.	Sandasphalt	0.034	0.027	0.024	0.024	0.022	0.025	0.027	0.026
5.	Beton	0.030	0.024	0.024	0.019	0.024	0.023	0.026	0.024
6.	Reihenpflaster	0.027	0.027	0.050	0.019	0.029	0.029	0.031	0.030
	Mittelwerte	0.180 : 6 = 0.0301	0.161 : 6 = 0.027	0.179 : 6 = 0.030	0.153 : 6 = 0.026	0.249 : 6 = 0.041	0.178 : 6 = 0.030	0.192 : 6 = 0.032	0.184 : 6 = 0.031

Schlüpfrigkeit bei 0,136. Der Unterschied gegen die statische Reibung ist hier 0,072 nach Tabelle XI. Man kann also bei Ausnützung der statischen Reibung einen Reibungsbeiwert von 0,208 erreichen, der schon eine bedeutend größere Fahrsicherheit gewährleistet. Aber auch bei der Auswertung dieser Versuche kommt es mehr auf die Hauptgesichtspunkte als auf die Einzelergebnisse an. Daher seien die Durchschnittswerte angegeben!

Tabelle XIV (Bild 23)

Laboratoriumsversuche mit Vollgummireifen.
Zugkraft senkrecht zur Radebene.

Ordnungsnummern	Art der Straßendecke	Unterschied zwischen statischer und dynamischer Reibung					
		Zustand der Straßenoberfläche					Arithm. Mittel aus Spalte 1—5
		trocken	naß	verölt	9 g Straßenschlamm + 7 g H_2O	9 g Straßenschlamm + 17 g H_2O	
		1	2	3	4	5	
1.	Stampfasphalt	0.026	0.012	0.025	0.018	0.020	0.020
2.	Sandasphalt	0.040	0.030	0.049	0.023	—	0.035
3.	Teermakadam	0.025	0.016	0.032	0.020	—	0.023
4.	Beton	0.023	0.027	0.026	0.027	—	0.026
5.	Reihenpflaster	0.029	0.024	0.025	0.024	—	0.026
	Mittelwerte	0.143:5 = 0.029	0.109:5 = 0.022	0.157:5 = 0.031	0.112:5 = 0.023	—	0.130:5 = 0.026

Bei den Versuchen mit Luftreifen parallel zur Radebene — Tabelle XI, Bild 20 — beträgt der durchschnittliche Unterschied zwischen statischer und dynamischer Reibung 0,0416. Die einzelnen Fahrbahnarten weichen unwesentlich hiervon ab. Am größten ist der mittlere Unterschied beim Stampfasphalt, nämlich 0,051. Vergleicht man die Mittelwerte der einzelnen Fahrbahnzustände, so ist bei 9 g Schl. + 7 g H_2O, also bei der größten Verschlammung, der größte Unterschied von 0.055.

Bei den Luftreifenversuchen senkrecht zur Radebene,

Tabelle XII, Bild 21, beträgt der allgemeine Mittelwert 0,033, er liegt also wesentlich unter den vorigen.

2. Versuche mit Vollgummireifen.

Bei den Vollgummireifen treten bei den Reibungsunterschieden weder bestimmte Fahrbahndecken noch Deckenzustände besonders hervor. Es genügt hier, den allgemeinen Mittelwert anzugeben, der bei den Versuchen parallel zur Radebene 0,031 — Tabelle XIII, Bild 22 — beträgt. Auch hier ist, wie bei den Luftreifen, der Unterschied bei Ausübung der Zugkraft senkrecht zur Radebene geringer als bei Zugkraft parallel zu derselben.

SCHLUSSWORT.

Die mitgeteilten Reibungsbeiwerte bezeichnen die beim fahrenden Kraftwagen wirklich tätige Reibung. Sie sind aus etwa 2000 Versuchen gewonnen, beruhen also auf hinreichend großer Erfahrung. Nur sehr große Versuchsreihen geben die Möglichkeit, das Grundsätzliche und die Zusammenhänge der verwickelten Reibungserscheinungen zu erkennen.

Bisher wurde allgemein mit zu großen Reibungsbeiwerten gerechnet. Diese wurden entweder durch Versuche gewonnen, bei denen die Wirkungen des selbstfahrenden Wagens nicht berücksichtigt wurden, oder, wenn dies der Fall war, wurden die Beiwerte durch Bremsversuche festgestellt, deren Wirkungen auf die Straße zu groß waren.

Unter den ersteren Versuchen sind die Laboratoriumsversuche zu verstehen, bei denen ein belastetes Gummistück über eine Unterlage gezogen wurde, oder auch Versuche, bei denen ein Wagen mit Gummibereifung bei festgestellten Rädern über eine Straße geschleift wurde. In beiden Fällen kamen in den Ergebnissen nicht die recht beachtlichen Erschütterungswirkungen des Wagens mit Eigenantrieb zur Geltung. Es wurden infolgedessen zu hohe Werte erhalten.

Soweit man aber die Versuche am selbstfahrenden Kraftwagen machte, glaubte man die Reibungsbeiwerte aus den größten erreichbaren Bremswirkungen ableiten zu müssen. Zu diesem Zwecke benutzte man scharf eingestellte Bremsen mit neuen Bremsbelägen und neue Reifen mit scharf profilierten Laufflächen, wodurch man Bremswirkungen erzielte, die vernichtend für die Straßen waren. Die kinetische Energie des fahrenden Wagens mußte auf den sehr kurzen Bremsstrecken zu schnell in Wärme umgesetzt werden, wodurch Temperaturerhöhungen in den reibenden Flächen entstanden, die sich zerstörend auf Reifen und Straße auswirkten. Die im allgemeinen für den Verkehr zulässigen Bremswirkungen ergeben sich aus der Widerstandsfähigkeit der Straßendecken. Dieser Tatsache suchte ich in meinen Versuchen Rechnung zu tragen, indem ich Versuchswagen mit normal abgenutzten Bremsbacken und Reifen bei üblicher Einstellung der Bremsen benutzte. Das Bremsen wurde dabei möglichst energisch ausgeführt, aber nicht so stark, daß die Räder dauernd blockiert wurden. Es wurde vielmehr stets versucht, den Übergang zwischen Rollen und Gleiten herbeizuführen und auszunutzen. Die Bremsverzögerung war aber doch so stark, daß die von mir gefundenen Werte als dynamische Reibungsbeiwerte angesehen werden müssen.

Meine Versuche wurden mit der auf die Triebräder wirkenden Handbremse ausgeführt, wobei nur ein Teil des Wagengewichtes zum Bremsen ausgenutzt wurde, und daher auch nur entsprechende Bremsstrecken erzielt wurden. Rechne ich die erhaltenen Bremsstrecken auf die Vierradbremse um, ziehe ich also das gesamte Wagengewicht zum Bremsen heran, so verringert sich der Bremsweg auf $s = \frac{v^2}{2gf}$. Nach meinen Versuchen werden bei Vierradbremsen daher folgende Bremsstrecken erforderlich:

Reifenart	Fahrgeschwindigkeit			
	20 km/St.	30 km/St.	40 km/St.	60 km/St.
1. Bei Luftreifen	2,9 m	—	11,6 m	27,1 m
2. Bei hochelastischen Vollgummireifen	6,04 m	11,6 m	20,1 m	—

Mit Rücksicht auf die Straße müßten die Vierradbremsen als Fußbremsen mit vorstehenden Bremswirkungen ausgebildet werden und sollten allein im gewöhnlichen Verkehr benutzt werden.

Nur für Fälle höchster Gefahr brauchte eine zweite, auf die Hinterräder wirkende Handbremse mit zusätzlicher Bremswirkung vorhanden sein.

Der Fahrer muß sich aber stets bewußt sein, daß er bei zusätzlicher Anwendung der Handbremse so starke Bremswirkungen hervorbringt, daß Straße und Wagen angegriffen werden. Der

Wagen wird außerdem durch derartiges brüskes Bremsen, besonders auf schlüpfriger Straße, ins Schleudern kommen und die Verkehrssicherheit stark gefährden.

Die Anwendung zu großer Reibungsbeiwerte, die unter Nichtbeachtung der Betriebsbedingungen unter besonderen Verhältnissen ausnahmsweise erreicht werden könnten, würde daher große Gefahren in sich schließen, da bei ihnen jede Sicherheit fehlen würde.

Bestimmend beim Entwurf von Straßen, also für Berechnung der Neigungen, Krümmungen und Verkehrskräfte, ferner bei Festsetzung der Verkehrsvorschriften können nur die vorstehend angegebenen, im ordnungsmäßigen Fahrbetriebe erreichbaren Reibungsbeiwerte sein, die den Bedingungen von Wagen und Straße entsprechen.

FSC
www.fsc.org
MIX
Papier | Fördert gute Waldnutzung
FSC® C083411

Zeitfracht Medien GmbH
Ferdinand-Jühlke-Straße 7
99095 Erfurt, Deutschland
produktsicherheit@kolibri360.de